30 Minuten

Interne Kommunikation

Prof. Dr. Astrid Nelke

Bibliografische Information der Deutschen Nationalbibliothek. Die Deutsche Nationalbibliothek verzeichnet diese Publikation in der Deutschen Nationalbibliografie; detaillierte bibliografische Daten sind im Internet über http://dnb.d-nb.de abrufbar.

ISBN 978-3-96739-108-4

Umschlaggestaltung: die imprimatur, Hainburg
Umschlagkonzept: Buddelschiff, Stuttgart – www.buddelschiff.de
Lektorat: ArsVocis – Anna Ueltgesforth, Amorbach
Satz: Zerosoft, Timisoara (Rumänien)
Druck und Verarbeitung: Salzland Druck, Staßfurt

Hinweis:
Das Buch ist sorgfältig erarbeitet worden. Dennoch erfolgen alle Angaben ohne Gewähr. Weder Autorin noch Verlag können für eventuelle Nachteile oder Schäden, die aus den im Buch gemachten Hinweisen resultieren, eine Haftung übernehmen.

Wir drucken in Deutschland.

www.gabal-verlag.de
www.gabal-magazin.de
www.twitter.com/gabalbuecher
www.facebook.com/gabalbuecher
www.instagram.com/gabalbuecher

PEFC/04-31-2251

PEFC zertifiziert
Dieses Produkt stammt aus nachhaltig bewirtschafteten Wäldern und kontrollierten Quellen.
www.pefc.de

In 30 Minuten wissen Sie mehr!

Dieses Buch ist so konzipiert, dass Sie in kurzer Zeit prägnante und fundierte Informationen aufnehmen können. Mithilfe eines Leitsystems werden Sie durch das Buch geführt. Es erlaubt Ihnen, innerhalb Ihres persönlichen Zeitkontingents (von 10 bis 30 Minuten) das Wesentliche zu erfassen.

Kurze Lesezeit

In 30 Minuten können Sie das ganze Buch lesen. Wenn Sie weniger Zeit haben, lesen Sie gezielt nur die Stellen, die für Sie wichtige Informationen beinhalten.

- Schlüsselfragen mit Seitenverweisen zu Beginn eines jeden Kapitels erlauben eine schnelle Orientierung: Sie blättern direkt zu dem Thema, das Sie besonders interessiert.
- **Zahlreiche Zusammenfassungen innerhalb der Kapitel erlauben das schnelle Querlesen.**
- Ein Fast Reader am Ende des Buches fasst alle wichtigen Aspekte zusammen.
- Ein Register erleichtert das Nachschlagen.

Inhalt

Vorwort

Interne Kommunikation gewinnt seit Jahren in Unternehmen und Organisationen an Bedeutung. Sei es beim Thema Beschäftigtenbindung, also als ein Teil des immer wichtiger werdenden Employer Branding, sei es bei der Verbesserung aller internen Prozesse. Besonders in innovationsgetriebenen Unternehmen ist die interne Kommunikation für den zukünftigen Innovationserfolg – und damit für die Wettbewerbsfähigkeit des Unternehmens – essenziell.

Um sich der internen Kommunikation zu nähern und ihr Zusammenwirken mit der externen Kommunikation zu verstehen, ist es zunächst einmal wichtig, zu wissen, was unter Unternehmenskommunikation zu verstehen ist, was externe und interne Kommunikation bedeuten und welche Funktionen sie jeweils erfüllen. Sie erfahren zudem, welche Faktoren zu einer erfolgreichen Unternehmenskommunikation führen. In diesem Zusammenhang wird auch erläutert, was unter einem Kommunikationskonzept mit den Steps Analyse, Strategie, Umsetzung und Evaluation zu verstehen ist.

Im Anschluss an die Begriffsdefinition „Interne Kommunikation" geht es um die Erfolgsfaktoren sowie die Instrumente der internen Kommunikation. Hierbei wird der Ablauf einer erfolgreichen internen Kommunikation anhand eines Kommunikationskonzeptes dargestellt und das Zusammenspiel mit der externen Kommunikation erklärt. Im Anschluss werden die Erfolgsfaktoren der internen Kommunikation aufgezeigt und es wird erklärt, inwieweit sie zur Wertschöpfung im Unternehmen in den Bereichen Employer Branding, Organisationsprozesse und Innovationen beitragen kann. Weiterhin wird erklärt, inwieweit die interne Kommunikation die im Lockdown und auch anschließend immer wichtiger gewordene hybride Arbeitsweise ermöglicht und unterstützt.

Abschließend werden die vorher erläuterten Aspekte anhand von verschiedenen Beispielen aus der Praxis verdeutlicht. Hierbei wird die Relevanz von interner Kommunikation im Innovationsprozess sowie beim Employer Branding aufgezeigt und ein Fallbeispiel aus der Start-up-Praxis analysiert. Zusammenfassend wird deutlich, dass die meisten Organisationen in Zukunft mehr in ihre Arbeitgebermarke investieren müssen, um im Kampf um qualifizierte Talente zu bestehen. Auch mit externer Hilfe sollte das Thema Employer Branding strategisch angegangen werden – egal ob Start-up, etabliertes Unternehmen aus dem Mittelstand oder Behörde. Die Talente wählen den Arbeitgeber, der am besten zu ihnen passt – nicht mehr umgekehrt.

Prof. Dr. Astrid Nelke

1. Was versteht man unter Unternehmenskommunikation?

Gerade in Zeiten der Digitalisierung ist eine strategisch aufgestellte Unternehmenskommunikation das A und O für ein erfolgreiches Unternehmen.

Dabei sollten die interne und externe Unternehmenskommunikation integriert gedacht und mithilfe eines professionellen Kommunikationskonzeptes kurz-, mittel- und langfristig aufgestellt werden.

Eine funktionierende Unternehmenskommunikation sorgt dabei für Sichtbarkeit und einen positiv besetzten Ruf sowohl bei Kunden und Lieferantinnen als auch bei Beschäftigten, Medien, Politik und dem Wettbewerb.

Somit ist sie der Erfolgsgarant für die Zukunfts- und Wettbewerbsfähigkeit eines Unternehmens.

1.1 Was beinhaltet die Unternehmenskommunikation?

Eine professionell aufgestellte Unternehmenskommunikation gilt gerade in Zeiten der globalen Digitalisierung sowie medialer Vernetzung und der damit einhergehenden größeren Transparenz in Bezug auf unternehmerisches Handeln als wichtiger Faktor für unternehmerischen Erfolg.

Heute konkurrieren Unternehmen nicht mehr nur um Kunden, sondern auch um qualifizierte Beschäftigte und vorteilhafte Lieferantenverbindungen. Sie streben an, sich als verantwortungsvolles Mitglied der Gesellschaft zu positionieren und hiermit die sogenannte „License to operate" zu erhalten.

Vertrauen und Glaubwürdigkeit schaffen

Lies (2010) definiert Unternehmenskommunikation (corporate communications) als denjenigen Teil der Unternehmensführung, der mithilfe des Wahrnehmungsmanagements die Reputation (den Ruf) prägt. Die Stärkung der individuellen Wahrnehmungsgrößen bei den relevanten Stakeholdern (Beschäftigte, Kundinnen und Kunden, Umweltgruppen, Wettbewerber, Politik, Medien etc.) – Vertrauen (erwartbares Verhalten) und Glaubwürdigkeit (Ausmaß der wahrgenommenen Erwartbarkeit) – sind hierbei als zentrales Ziel einer professionell geführten Unternehmenskommunikation zu nennen.

Davon leitet Lies folgende Teilziele ab:

- wahrnehmungsbezogene Teilziele (informative, edukative und emotionale)
- handlungsbezogene Teilziele (z. B. Weiterempfehlungsbereitschaft, Kaufneigung, Beschäftigtenmotivation)
- zielgruppenbezogene Teilziele (z. B. Führungskräftezustimmung, Kundenzufriedenheit)

Auch Verhalten kann gemanagt werden

Besonders wichtig ist dem Autor dabei: Der Ruf des Unternehmens hängt nicht nur von der geplanten Kommunikation ab, sondern wird auch durch ungeplant wahrgenommene Handlungen, deren Folge möglicherweise erfolgsrelevante Skandale sein können, bestimmt. Deshalb gehört das Verhaltensmanagement für Lies zentral zur Unternehmenskommunikation dazu.

Zerfaß und Volk (2019) postulieren, dass die Unternehmenskommunikation immer deutlicher als zentraler Bestandteil für den Unternehmenserfolg anerkannt werde. Das Autorenduo erklärt dies mit kontinuierlich steigenden Budgets, stetig wachsenden Abteilungen, umfassenderen Aufgabengebieten sowie der fortschreitenden Internationalisierung der Funktion in der Unternehmenspraxis.

Für Zerfaß und Volk beinhaltet die Unternehmenskommunikation alle gesteuerten Kommunikationsprozesse, mit denen ein Beitrag zur Aufgabendefinition und -erfüllung in gewinnorientierten Wirtschaftseinheiten geleistet wird. Insbesondere die interne und externe Handlungskoordination ebenso wie die Interessenklärung zwischen dem Unternehmen und seinen Stakeholdern zählen dazu.

Durch einen wachsenden internen Konkurrenzdruck im Verhältnis zu anderen Abteilungen, wie Marketing oder Human Resources, steigt in der Praxis der Rechtfertigungsdruck, welchen Beitrag die Unternehmenskommunikation zur Wertschöpfung des Unternehmens leistet. Aus diesem Grund sollte eine Evaluation mit fundierten Kennzahlen stattfinden.

Zwei Ebenen von Kommunikation

Für Mast (2019) beinhaltet Kommunikationsmanagement sowohl das Management *durch* Kommunikation als auch *der* Kommunikation. Beide genannten Ebenen bilden für die Autorin zusammen die Unternehmenskommunikation.

Ebenfalls zur Unternehmenskommunikation zählt die Autorin Möglichkeiten und Grenzen, Kommunikationsstrategien zu planen bzw. umzusetzen. Damit diese Prozesse erfolgreich sind, sollen nach Mast Handlungsstrukturen und -abläufe im Unternehmen etabliert werden, die die entsprechenden Kommunikationsprozesse prägen und mitgestalten.

Hierdurch wird deutlich, dass Strategien für die erfolgreiche Kommunikation eines Unternehmens unbedingt notwendig sind und dass die strategische Unternehmenskommunikation geplant werden muss, um die im Vorfeld gesteckten Ziele zu erreichen und um so erfolgreich auf die Wertschöpfung des betreffenden Unternehmens einzuzahlen.

Wichtige Bezugsgruppen

Bereits 2008 beleuchtete Avenarius mit seiner umfangreichen Übersicht die wichtigsten Bezugsgruppen für Unternehmen. Er teilt dabei die Stakeholder (Anspruchsgruppen, Zielgruppen) nach ihrer Herkunft in Absatzmärkte (Kundschaft, Händlerschaft), Beschaffungsmärkte (Lieferanten), Wettbewerbsfeld (Branchen, Verbände, Standesorganisationen), Arbeitsmärkte (Belegschaft, Mitgliedschaft, Gewerkschaft), politischer Raum, Wähler (Politiker, Behörden, Parlamente, Regierungen), gesellschaftspolitischer Raum (Nachbarn, Vereine, Kirchen), Medienkonsumenten und Kulturszene (TV und Presse, Schriftsteller, Hochschulen) sowie Kapitalmärkte (Aktionäre, Banken, Börsen) ein.

Stakeholder identifizieren

Um eine erfolgreiche Unternehmenskommunikation zu implementieren, sollte jedes Unternehmen die für sich relevanten Stakeholder individuell anhand der eigenen Rahmenbedingungen identifizieren. Neben den klassischen Zielgruppen wie Kunden und Lieferanten werden in Zeiten des demografischen Wandels und des damit einhergehenden Fachkräftemangels die Arbeitsmärkte und damit die zukünftigen Talente für immer mehr Unternehmen interessant.

Für die meisten Unternehmen ist es essenziell, gute Beschäftigte zu halten und neue Talente zu gewinnen. Deshalb arbeiten viele Unternehmen mittlerweile an ihrer Arbeitgebermarke (Employer Brand). Die Schaffung einer starken Arbeitgebermarke (Employer Branding) hat das Ziel, das Unternehmen als guten Arbeitgeber sichtbar zu machen und sowohl für bereits Beschäftigte als auch für potenzielle Mitarbeiterinnen und Mitarbeiter ein attraktiver Arbeitgeber zu sein.

In der beschriebenen Einteilung nach Avenarius ist die Einordnung der Hochschulen bei Medien und Kultur nicht schlüssig. Hochschulen gehören zu den Arbeitsmärkten, Hochschulkooperationen sind für viele Unternehmen ein wichtiges Instrument im Employer Branding und Recruiting.

Unter Unternehmenskommunikation verstehen wir den Teil der Unternehmensführung, der die Wahrnehmung des Unternehmens in der Öffentlichkeit steuert und damit für dessen Reputation (Ruf) verantwortlich ist. Die Unternehmenskommunikation sollte deshalb professionell gemanagt werden.

1.2 Welche Funktionen haben die interne und externe Unternehmenskommunikation?

Zerfaß und Volk (2019) unterscheiden bei der Unternehmenskommunikation die wichtigen Teilbereiche mit jeweils eigenen Funktionen:

1. Interne Kommunikation: Damit meinen sie sämtliche Kommunikation zwischen Unternehmensleitung, Führungskräften sowie Beschäftigten.

2. Marktkommunikation: Hierunter subsumieren die Autorinnen die Kommunikation mit Kunden, Handelspartnern sowie dem Wettbewerb.
3. Public Relations: Hierzu wird nach Zerfaß und Volk die Kommunikation mit gesellschaftspolitischen Gruppen, NGOs, Journalistinnen und Journalisten sowie anderen Multiplikator_innen gezählt.
4. Finanzkommunikation: Der letzte Teilbereich umfasst nach dieser Definition die Kommunikation hin zu Anteilseignern sowie allen Akteurinnen des Kapitalmarktes.

Kommunikationsinstrumente festlegen

Die Autor_innen erläutern, dass eine Reihe von Kommunikationsinstrumenten die einzelnen Teilbereiche der Unternehmenskommunikation unterstützen.

Als überall anwendbar definieren sie persönliche Kommunikation, digitale Kommunikation, Presse- und Medienarbeit, Werbung, Sponsoring, Corporate Publishing und Veranstaltungen.

Für Mast (2019) bilden sich die zentralen Aufgabenfelder und Funktionen der Unternehmenskommunikation wie folgt ab:

Für die Autorin stellt der Kontakt zu den Medien ein besonders wichtiges Aufgabenfeld für die Unternehmenskommunikation dar. Sie erklärt diese Doppelrolle folgendermaßen: Die Massenmedien fungieren auf der einen Seite als direkter Ansprechpartner für die Unternehmen. Andererseits stellen sie aber auch ein intermediäres System hin zu allen anderen Stakeholdern dar.

Dabei kommunizieren Unternehmen sowohl in Richtung der klassischen Medien Presse und Rundfunk und zu deren Online-Angeboten als auch zu neu hinzugekommenen Akteuren wie Bloggern, Influencern und Online-Informationsplattformen. Die sozialen Medien sind ebenfalls ein relativ neues und sehr wichtiges Betätigungsfeld für die Unternehmenskommunikation.

Für die Autorin bauen Unternehmen eigene Newsrooms und Redaktionsstrukturen auf, weil die Media Relations im Gegensatz zur Vor-Online-Zeit schwieriger zu bedienen sind. Daher betreiben sie Media Relations nicht nur im Hinblick auf andere Medien, sondern treten auch immer mehr selbst als Medium auf.

Stellenweise werden hierbei komplette Zeitungen und Zeitschriften im Corporate Publishing herausgegeben, Podcast-Reihen produziert oder mit einem Corporate-TV-Format Bewegtbildinhalte hergestellt.

Vier Dimensionen

Für Zerfaß und Volk (2019) leistet die Unternehmenskommunikation in vier Dimensionen einen wichtigen Beitrag zur Aufgabendefinition und -erfüllung von Unternehmen im Dialog mit ihren Stakeholdern:

1. Die Unternehmenskommunikation unterstützt die laufende Leistungserstellung von Produkten und/oder Dienstleistungen und die Vermarktung dieser Leistungen. Die Kommunikation steuert innerhalb des Unternehmens sämtliche ablaufenden Prozesse und trägt zur Motivation der Beschäftigten bei. Nach außen sorgen Werbung und

Product Publicity für Kaufpräferenzen und steigern so den Umsatz.

2. Die Unternehmenskommunikation ermöglicht außerdem den Aufbau immaterieller Vermögenswerte, die heute einen bedeutenden Bestandteil des Unternehmenswertes darstellen. Der wichtigste immaterielle Vermögenswert ist die Marke und die damit verbundene Reputation des Unternehmens – attraktive Marken sorgen auf der einen Seite für stabile Umsätze, auf der anderen Seite tragen sie aber auch zu einer starken Arbeitgebermarke bei und interessieren somit neue Talente für das Unternehmen.
3. Die Unternehmenskommunikation leistet darüber hinaus einen Beitrag zur Strategiedefinition und damit zur Positionierung des Unternehmens. Dabei unterstützt sie das Monitoring von öffentlichen Meinungen zu kritischen Themen oder auch zu zukünftigen Chancen und dient damit auch der Identifizierung von Innovationsmöglichkeiten.
4. Die Unternehmenskommunikation unterstützt immer auch bei der Sicherung von Handlungsspielräumen. Hierzu pflegt sie gewachsene Beziehungen zu Multiplikatorinnen und Meinungsführern, organisiert den wichtigen Dialog zu den relevanten Stakeholdern und schafft damit Akzeptanz für das Handeln des Unternehmens, die sogenannte „License to operate“.

Zerfaß und Volk erklären, dass die Unternehmenskommunikation zur Erreichung dieser Wertschöpfungsziele immer strategisch ausgerichtet und professionell gesteuert werden sollte, um langfristig erfolgreich zu sein.

In der Unternehmenskommunikation unterscheiden wir interne Kommunikation, Marktkommunikation, Public Relations und Finanzkommunikation. Die interne Kommunikation beinhaltet jegliche Kommunikation zu den Beschäftigten, die anderen drei Bereiche der Kommunikation richten sich hauptsächlich an externe Stakeholder.

1.3 Welche Faktoren tragen zum Erfolg der Unternehmenskommunikation bei?

Ebenso wie Mast (2019) gehen auch Zerfaß und Volk (2019) davon aus, dass sich eine strategisch ausgerichtete Unternehmenskommunikation am klassischen Managementkreislauf orientiert und nur mit diesem ganzheitlichen Konzept erfolgreich sein kann.

Damit beinhaltet ein professionelles Kommunikationsmanagement folgende Phasen:

1. Analyse
2. Planung (Strategie)
3. Organisation (Umsetzung)
4. Kontrolle/Evaluation

Fortlaufender Prozess

In der Praxis läuft das Kommunikationsmanagement als mittel- bis langfristiger Prozess ab, der sich immer wiederholt und verbessert. Die Ergebnisse aus der Kontroll- bzw. Evaluationsphase gehen demnach in die darauffolgende Analysephase ein. Somit verändern sich Planung/Strategie und Organisation/Umsetzung fortlaufend, und die Unternehmenskommunikation wird entsprechend den veränderten Rahmenbedingungen immer neu an die aktuelle Situation des Unternehmens angepasst.

Wie bereits auf S. 10 ausgeführt, ist das zentrale Ziel der professionell geführten Unternehmenskommunikation, bei den verschiedenen Stakeholdergruppen Vertrauen (erwartbares Verhalten) und Glaubwürdigkeit (Ausmaß der wahrgenommenen Erwartbarkeit) zu generieren – gelingt dies, gilt die Unternehmenskommunikation als erfolgreich.

Sieben Erfolgsfaktoren

Um dies zu erreichen, postulieren Broom und Sha (2013) die notwendigen Erfolgsfaktoren für die Unternehmenskommunikation:

1. Glaubwürdigkeit: Es ist wichtig, dass die angesprochenen Stakeholder den Kommunizierenden vertrauen und Respekt vor deren Kompetenz das Thema betreffend haben. Von dieser Glaubwürdigkeit hängt ab, ob die Zielgruppen sich der Botschaft zuwenden. Im Laufe der Zeit nimmt jedoch der Einfluss der Kommunizierenden ab (Sleeper-Effekt).

2. Kontext: Um erfolgreich zu sein, müssen sich Kommunikationsprogramme in den Kontext einfügen. Dieser muss die Botschaft verstärken und darf ihr nicht widersprechen.
3. Inhalt: Die kommunizierte Botschaft muss für die angesprochenen Stakeholder eine Bedeutung bzw. einen Nutzen haben. Dazu sollte sie mit deren Wertesystem kompatibel sein. Grundsätzlich wenden sich Menschen eher den Informationen zu, die ihnen die meisten Belohnungen vermitteln.
4. Klarheit: Die Botschaft muss einfach und klar formuliert sein. Es ist darauf zu achten, dass die Inhalte für die Kommunizierenden die gleiche Bedeutung haben wie für die Stakeholder. Hierbei sollten komplizierte Sachverhalte in einfache Botschaften, z. B. Slogans, formuliert werden. Als Faustregel gilt: Je weiter die Botschaft verbreitet werden soll, desto einfacher muss sie sein. Außerdem sollte ein Unternehmen immer mit einer Stimme sprechen, nicht mit mehreren.
5. Kontinuität und Konsistenz: Kommunikation ist immer ein unendlicher Prozess – Kommunikationsprogramme wiederholen sich in verschiedenen Varianten immer wieder. Die Kernbotschaft der erzählten Geschichte muss dabei aber immer identisch bleiben.
6. Kanäle: Es ist darauf zu achten, etablierte Kanäle, die von den Zielgruppen beachtet und genutzt werden, zu bespielen. Neue Kanäle aufzubauen ist zeit- und kostenintensiv. Verschiedene Kanäle rufen verschiedene Wirkungen hervor und werden von den Stakeholdern teilweise

mit unterschiedlichen Wertigkeiten wahrgenommen. Zu beachten ist, dass neue Medien wechselseitige Dialogprozesse ermöglichen, sodass Missverständnisse einfacher aus dem Weg geräumt werden können.

7. Fähigkeiten des Publikums: Bei der Planung jeder Kommunikationsmaßnahme sollten die Fähigkeiten und Vorlieben der Stakeholder berücksichtigt werden. Besonders wichtig ist das vorhandene Wissen der Zielgruppen, denn die Verständlichkeit von Aussagen ist immer gekoppelt an das vorhandene Wissen der Rezipienten und macht eine erfolgreiche Unternehmenskommunikation erst möglich.

Nach Bruhn (2009) sollten alle Kommunikationsinstrumente einheitlich geführt werden – nur so können die Kommunikationsziele und damit auch die Unternehmensziele erreicht werden.

Integrierte Kommunikation

Hierzu hat Bruhn den Begriff der „integrierten Kommunikation“ etabliert. Darunter wird ein strategischer und operativer Prozess der Analyse, Planung, Durchführung und Kontrolle verstanden, der die differenzierten Quellen der internen und externen Unternehmenskommunikation vereinheitlicht und dafür sorgt, dass ein für die Zielgruppen der Kommunikation konsistentes Erscheinungsbild des Unternehmens entsteht.

Dieses Konzept hat als Ziel, ein inhaltlich, formal und zeitlich homogenes Bild des Unternehmens aufzustellen und so für eine widerspruchsfreie und glaubwürdige Unternehmenskommunikation zu sorgen, die das Entscheidungsverhalten der Zielgruppen für das Unternehmen positiv beeinflusst.

Nach Bruhn (2011) lassen sich fünf Aufgaben der integrierten Kommunikation unterscheiden:

1. Planerische Integrationsaufgaben
2. Organisatorische Integrationsaufgaben
3. Personelle Integrationsaufgaben
4. Kulturelle Integrationsaufgaben
5. Informationelle Integrationsaufgaben

Trends für die Zukunft

Nach Mast (2019) lassen sich fünf Trends für eine erfolgreiche Unternehmenskommunikation der Zukunft herausarbeiten. Dabei kommt dem Umbau der Kommunikationslandschaften und der Neujustierung der Unternehmenskommunikation das größte Gewicht zu.

Content Management gilt als wichtiger Trend, der den Unternehmen in der praktischen Umsetzung noch enorme Schwierigkeiten macht. Hierbei stehen sowohl Kompetenzen und Einstellungen der Beschäftigten als auch die gesamte Organisation der Kommunikationsabteilungen auf dem Prüfstand.

1. Klassische Medienarbeit: Sie wird schwieriger (Presse, Online, Rundfunk) und ihre Bedeutung im Kommunikationsmix wird geringer.
2. Unternehmen werden zu Corporate Publishern: Sie bauen eine eigene Medienlandschaft auf, um direkt mit ihren

Stakeholdern zu kommunizieren und nicht mehr auf die klassischen Medien angewiesen zu sein.
3. Social-Media-Kanäle: Nach anfänglichem Zögern kommt es nun zu einem breiten Ausbau der Nutzung von Social-Media-Kanälen durch Unternehmen.
4. Einsatz von Multiplikatorinnen und Multiplikatoren: Beschäftigte und Führungskräfte werden zu immer wichtigeren Fürsprechern für die Unternehmenskommunikation.
5. Face-to-Face-Kommunikation: Die Bedeutung der Face-to-Face-Kommunikation wächst, je mehr digitale Medien für die Unternehmenskommunikation zur Verfügung stehen.

Um zukünftig als Unternehmen erfolgreich zu kommunizieren, sollte die Unternehmenskommunikation sowohl die genannten Erfolgsfaktoren als auch die vorgestellten Zukunftstrends einbeziehen.

Eine professionell aufgestellte Unternehmenskommunikation spielt eine entscheidende Rolle für den wirtschaftlichen Erfolg der Organisation.

- In der Praxis ist es wichtig, dass die interne und die externe Kommunikation integriert geführt werden und das Unternehmen so mit einer Stimme spricht.
- Für den Erfolg der Unternehmenskommunikation ist es wichtig, dass sie anhand der Phasen des klassischen Managementprozesses geführt wird – die Steps Analyse, Planung, Umsetzung und Evaluation tragen zum langfristigen Erfolg der Unternehmenskommunikation bei.

Welche spezifischen Merkmale kennzeichnen die interne Kommunikation?

Seite 26

Was macht interne Kommunikation erfolgreich?

Seite 50

Welchen Stellenwert nimmt hybrides Arbeiten in Zukunft in Unternehmen ein?

Seite 60

2. Interne Kommunikation

Für die interne Kommunikation werden in der Literatur verschiedene Begrifflichkeiten verwendet. Die einen bezeichnen sie als interne Unternehmenskommunikation, andere schreiben von internen Public Relations, Internal Relations oder auch Beschäftigteninformation.

Gerade der letzte Begriff kann zu Missverständnissen führen – es geht eben nicht nur um einseitiges Informieren der Belegschaft, sondern um eine Form der Dialogkommunikation (Mast 2019).

Im Folgenden wird erklärt, welche Merkmale die interne Kommunikation aufweist, welche Erfolgsfaktoren ihr Gelingen bedingen und warum interne Kommunikation gerade in der heutigen Zeit so wichtig für den Unternehmenserfolg ist.

2.1 Welche Instrumente nutzt die interne Kommunikation?

Interne Kommunikation beschreibt in der Literatur denjenigen Teil der Unternehmenskommunikation, der sich ausschließlich nach innen an die bereits vorhandenen Beschäftigten richtet. Diese Art der Kommunikation unterstützt insbesondere den Dialog zwischen Führungskräften und Beschäftigten.

Buchholz und Knorre (2019) verstehen die interne Kommunikation grundlegend als organisationskonstituierende Handlung von Organisationsmitgliedern bzw. Unternehmensangehörigen.

Der Begriff der internen Kommunikation

Damit unterstreichen die Autorinnen die strategische Bedeutung der internen Kommunikation für die Unternehmensführung. In diesem Verständnis wird die Organisation bzw. das Unternehmen durch Kommunikation ins Leben gerufen und anschließend auch immer wieder aufs Neue hervorgebracht.

Die interne Kommunikation leistet hiernach einen führungsunterstützenden Beitrag im Unternehmen und ist damit essenziell für Wachstum und Wettbewerbsfähigkeit des Unternehmens. Die Autorinnen sprechen dabei auch von kommunikationszentriertem Leadership.

Für Malczok und Szyszka (2016) beinhaltet die interne Kommunikation alle Prozesse formeller und informeller Kommunikation sowie deren Instrumente, die sich zwischen den Mitgliedern einer Organisation vollziehen bzw. eingesetzt werden. Für die Autoren wird durch die Koppelung von Struktur und Beschäftigten durch Kommunikation deren Beziehung beeinflusst.

Lies (2008) definiert die interne Kommunikation wie folgt:

„(...) alle kommunikativen und informativen Vorgänge, die zwischen den Mitgliedern einer Organisation (Unternehmen, Behörden, Vereine, Verbände etc.) ablaufen. Sie versteht sich als integrativer Teil eines ganzheitlichen Kommunikationsmanagements."

Nach Mast (2019) umfasst die interne Unternehmenskommunikation sämtliche kommunikativen Prozesse, die in einem Unternehmen zwischen dessen Mitgliedern ablaufen. Für die Autorin stellt die interne Kommunikation eine Verbindung zwischen allen Individuen der Organisation her. Damit erlaubt sie Interaktion und Kooperation und steuert ein Netz ineinandergreifender Verhaltensaktivitäten der Beschäftigten.

Lies (2008) nennt unterschiedliche Teilbereiche der internen Kommunikation:

- Geplante und ungeplante Kommunikation
- Formelle und informelle Kommunikation
- Integrierte Kommunikation
- Instrumentelle Kommunikation
- Direkte und indirekte Kommunikation
- Bilaterale und multilaterale Kommunikation

Kommunikationsströme

Der Autor unterscheidet außerdem drei Arten der in Unternehmen ablaufenden Kommunikationsströme:

1. Abwärtskommunikation (Top-down-Kommunikation): In den meisten Fällen kommuniziert so die Führungsebene in Richtung der Beschäftigten. Inhaltlich werden meistens Informationen zum allgemeinen Arbeitsalltag bzw. das Unternehmen betreffende Informationen kommuniziert. Aber auch Zielvorstellungen der Leitungsebene werden auf diese Art übermittelt.
2. Aufwärtskommunikation (Bottom-up-Kommunikation): Dieser Kommunikationsstrom umfasst alle Kommunikationsbotschaften, die die Beschäftigten an die Führungsebene richten.
3. Horizontalkommunikation: Diese allgemeine Kommunikation beinhaltet den Austausch innerhalb einer Hierarchieebene und hat meistens organisatorische Aspekte des Arbeitsalltags zum Thema.

Merkmale der internen Kommunikation

Die interne Kommunikation weist konkrete Merkmale auf:

a. Formalisierungsgrad

In der Praxis werden nach Becker (2014) zwei Formalisierungsgrade der internen Kommunikation unterschieden. Die formelle Kommunikation ist aus den Strukturen eines Organisationssystems heraus immer mit einer Zielsetzung verbunden und asymmetrisch geprägt. Sie wird sichtbar durch Handlungsanweisungen, Koordination, Kontrolle oder Korrektur in Instrumenten wie Rundschreiben, Beschäftigtenzeitschriften oder Mitarbeitergesprächen (Szyska und Malczok 2016).

Die informelle Kommunikation im Unternehmen hat keine direkte Zielbindung und erfolgt in der Praxis symmetrisch in Form eines Dialoges. Dabei geht die Kommunikation von verschiedenen Seiten aus. Nach Becker (2014) ist gerade die informelle Kommunikation im Unternehmen wichtig, da sie bestehende Beziehungen festigt und neue Beziehungen entstehen lässt. Die Inhalte dieser Art der Gespräche betreffen nicht nur das Unternehmen oder Organisationsaspekte, es geht auch um private Themen.

Die informelle Kommunikation läuft nicht nach festgelegten Strukturen ab, sondern in den sozialen Netzwerkstrukturen der Beschäftigten (Szyska und Malczok 2016). Diese Art der Gespräche werden in der Praxis auch Flurfunk genannt, sie finden zum Beispiel in der Kaffeeküche, beim Teamevent oder auf Firmenfeiern statt.

b. Zentralität

Im Unternehmen stehen zentral gesteuerte Kommunikationsaktivitäten dezentral gesteuerten gegenüber. Es gibt auch verschiedene Zwischenausprägungen. Die Kommunikation kann dabei sowohl vom Management oder dessen Stabsstellen ausgehen als auch von kleineren Abteilungen oder Teams (Mast 2019).

c. Anlässe

Für die interne Kommunikation gibt es in der Praxis unterschiedliche Anlässe. Es kann um Inhalte gehen, die das gesamte Unternehmen betreffen, wie Normen und Werte, Strukturen oder übergreifende Ereignisse und langfristige Entscheidungen. Oder es geht um die konkreten Arbeitsabläufe betreffende Inhalte für Teams oder Einzelpersonen (Mast 2019).

d. Richtung

Wie schon von Lies (2008) dargestellt, gibt es unterschiedliche Richtungen der internen Kommunikation.

Nach Einwiller, Klöfer und Nies (2008) geht es bei der Top-down-Kommunikation um den Informationsfluss vom Management zu den Beschäftigten. Inhalte dieser Kommunikation sind Zielvorstellungen, Maßnahmen oder Leistungsbewertungen.

Bei der Bottom-up-Kommunikation fließen die Informationen von den Mitarbeiterinnen und Mitarbeitern hin zu den Führungskräften und zum Management. Hierbei werden Probleme, Erfahrungen, Vorschläge oder Fragen thematisiert.

Die dritte Richtung der internen Kommunikation ist die Horizontalkommunikation. Bei ihr wird innerhalb der Belegschaft einer Hierarchieebene kommuniziert, aber auch darüber hinweg – in diesem Fall aber immer ohne Weisungsbefugnis. Diese Seitwärtskommunikation dient vor allem der sozio-emotionalen Unterstützung der

Beschäftigten und der Aufgabenkoordination im Unternehmen.

e. Medien und Kanäle
Interne Unternehmenskommunikation kann über verschiedene Kanäle erfolgen. Für welchen Kanal man sich entscheidet, hat immer damit zu tun, wie reichhaltig die Kommunikation ist, inwieweit direktes Feedback erwartet wird oder ob ein Dialog gewünscht ist.

Mast (2019) unterscheidet zwischen persönlicher und medialer Kommunikation durch gedruckte oder Online-Medien.

Die interne Kommunikation als Wettbewerbsfaktor

Vor allem kleine und mittelständische Unternehmen (KMU) unterschätzen nach Mast (2019) die interne Kommunikation als Wettbewerbsfaktor. Große Konzerne dagegen haben in den letzten Jahren systematisch ihre internen Kommunikationsabläufe optimiert.

KMU vertrauen häufig immer noch ihren vermeintlich überschaubaren Strukturen und ihrer daraus resultierenden Kommunikationsfähigkeit. Aber auch bei ihnen können professionelle Kommunikationsstrategien für die interne Kommunikation deutliche Verbesserungen in der Praxis bewirken.

Für die Autorin liegt der enorme Bedeutungszuwachs der internen Kommunikation darin begründet, dass sich die Position der Beschäftigten im Kommunikationsgefüge und deren Handlungsoptionen gewandelt haben. Sie nennt vier Aspekte, die die steigende Bedeutung der internen Kommunikation unterstreichen:

1. Beschäftigte gelten heute als Wettbewerbsvorteil (performance):
   Gerade in Zeiten der schnellen Online-Kommunikation hängt der Erfolg eines Unternehmens von der Art und Weise ab, wie es kommuniziert. Sowohl der Inhalt der verbreiteten Botschaften als auch die Geschwindigkeit der Kommunikation sind wiederum abhängig von den Beschäftigten. Effiziente interne Kommunikationsabläufe können so auch zu einem besseren externen Auftritt beitragen.

2. Beschäftigte als knappe Ressource (War for Talents):
   Die Unternehmen und Organisationen konkurrieren immer mehr um die besten Talente, sie stehen zunehmend im Wettbewerb um qualifizierte Beschäftigte und Führungskräfte. Damit sind passende Beschäftigte zu einer knappen Ressource geworden – in der Praxis bewerben sich Unternehmen bei den Talenten, nicht mehr umgekehrt.

   Aus diesem Grund wird das Image eines Unternehmens nun auch bei der Beschäftigtensuche immer wichtiger. Auch die Bindung von vorhandenen Beschäftigten ist für die Organisationen von großer Bedeutung – eine funktionierende interne Kommunikation ist hierfür essenziell.

3. Beschäftigte als Kommunikatorinnen und Kommunikatoren:
Mitarbeiterinnen und Mitarbeiter eines Unternehmens werden als Kommunizierende immer wichtiger. Sie bestimmen die internen Abläufe, das Kommunikationsklima und damit auch die Motivation, mit der alle Arbeitsabläufe erledigt werden. In Zeiten der Online-Kommunikation lösen sich die Grenzen von interner und externer Kommunikation weiter auf, damit wirken die Beschäftigten als Multiplikatorinnen und Multiplikatoren immer mehr nach außen. Was sie kommunizieren, gilt als besonders glaubwürdig. Viele Unternehmen unterstützen ihre Beschäftigten deshalb dabei, im Social-Media-Raum zu kommunizieren.

4. Beschäftigte als Risiko (Whistleblower):
Die Kommunikation von Beschäftigten kann nach Mast aber auch zu einem Risiko für das Unternehmen werden. Die von sogenannten Whistleblowern kommunizierten Vorgänge dringen nach außen oder diese üben Kritik an Entscheidungen in den sozialen Medien und stellen das Unternehmen damit in einem schlechten Licht dar.

An dieser Stelle können eine funktionierende interne Kommunikation sowie ein professionelles Verhalten der Führungskräfte dafür sorgen, dass die Nutzung der sozialen Medien durch die Beschäftigten dem Unternehmen nicht schadet.

Zusammenfassend wird klar, dass die interne Unternehmenskommunikation eine „leading position“ im Unternehmen einnimmt und deshalb professionell gemanagt werden sollte.

Für Mast hat die interne Unternehmenskommunikation folgende Hauptziele:

- Sie garantiert eine optimale Aufgabenerfüllung der Beschäftigten durch die Bereitstellung aller notwendigen Informationen.
- Sie unterstützt die Beschäftigten darin, ihr Wissen zu mobilisieren, sowie fördert deren Engagement (Partizipation).
- Sie erhält und steigert die Zufriedenheit der Beschäftigten sowie ihre Identifikation mit dem Unternehmen.
- Sie verbessert damit die Umsetzung der Geschäftsziele auf allen Ebenen des Unternehmens.
- Sie optimiert die Kommunikationsarchitektur im Unternehmen sowie der einzelnen Kommunikationswege (z. B. Beschäftigtenzeitschrift, Intranet).

Alle genannten Ziele sind den beschäftigten- und organisationsbezogenen Zielen zuzuordnen. Sie stehen dabei in Relation zueinander. Fühlen sich die Beschäftigten gut informiert und damit wertgeschätzt, sind sie zufrieden und identifizieren sich mit dem Unternehmen. Dies wirkt sich positiv auf ihre Motivation, ihre Leistungen und ihr Verhalten aus.

Dieses Verhalten wiederum hat Auswirkungen auf die Organisation, sowohl unmittelbar auf die Verkäufe, Gewinne und Kundenbeziehungen als auch indirekt auf die Fluktuationsrate und damit die Rekrutierungskosten (Schneider et al. 2014).

Bedeutende Aufgaben

Damit hat die interne Kommunikation zwei bedeutende Aufgaben:

Zum einen soll sie alle unternehmensorientierten Zielsetzungen unterstützen und damit die Handlungsfähigkeit der Organisation sowie die Qualität der Handlungen verbessern.

Zum anderen dient sie beschäftigtenorientierten Zielen, die sich nach Mast (2019) auf die Person des Beschäftigten, dessen Bedürfnisse sowie seine Entwicklungschancen beziehen. Hierbei sind vor allem die Themen Wertschätzung, Arbeitszufriedenheit, Vertrauen, Partizipation und Weiterbildung relevant.

Durch die steigende Bedeutung der Online-Kommunikation erwarten immer mehr Beschäftigte von ihrem Unternehmen, dass es intern den Dialog fördert und damit Interaktion zulässt.

In der Praxis sollte dabei beachtet werden, dass nicht alle Personen die gleiche Affinität und die gleichen Zugangsmöglichkeiten zu Online-Medien wünschen. Aus diesem Grund sollte die Kommunikationsleitung dafür sorgen, dass die individuellen Bedürfnisse der Beschäftigten in Bezug auf die interne Kommunikation mit einbezogen werden –

manchmal ist beispielsweise ein ausgedruckter Newsletter als Beigabe zur Gehaltsabrechnung eine gute Möglichkeit, wirklich alle Beschäftigten zu erreichen.

Instrument für vielfältige Anwendungen

Für Mast (2019) stellt das Intranet ein Instrument für vielfältige Anwendungen dar. Auch das Corporate TV, also unternehmensinterne Bewegtbildkommunikation, Wikis und Blogs sind ihrer Meinung nach zukünftig wichtige Kommunikationsinstrumente.

Zusammen mit tradierten Instrumenten wie einer Beschäftigtenzeitschrift, die zugleich auch online angeboten wird, und der personellen, unvermittelten Kommunikation spielen sie eine wichtige Rolle.

Zusammenfassend lässt sich sagen, dass Mast den Kern der internen Unternehmenskommunikation in folgende drei Bereiche einteilt:

1. Die elektronisch gestützte Kommunikation mit dem Intranet als Kommunikationsplattform, das Corporate Blogs integriert, die als Online-Journale chronologische Texteinträge, ähnlich wie in einem Tagebuch, enthalten.
2. Die neu positionierten gedruckten Medien, also Zeitschriften und gedruckte Publikationen, die trotz fehlender Aktualität die Rolle eines Wegweisers im Unternehmen übernehmen.
3. Die persönliche Kommunikation, die sowohl zwischen Vorgesetzten und Beschäftigten als auch zwischen Fachleuten und im Kollegenkreis genutzt wird. Sie hat

eine große Bedeutung, denn sie baut intensive Kontakte auf, vermittelt komplexe Sachverhalte und ermöglicht eine emotionale Ansprache. Die persönliche Kommunikation ist ebenfalls als Führungsinstrument wichtig.

Die Auswahl der genutzten Kommunikationsinstrumente ist in der internen Kommunikation ebenso mannigfaltig wie in der externen Kommunikation. Trotzdem haben sich in der betrieblichen Praxis mehrere Maßnahmen herauskristallisiert, die vermehrt angewendet werden.

Elektronisch gestützte Kommunikation

Der erste von Mast genannte Bereich sind die Instrumente der elektronisch gestützten Kommunikation. Hierbei sind vor allem das Social Intranet, Corporate Blogs und Newsletter zu nennen.

Beim ursprünglichen Intranet handelt es sich um ein Online-Netzwerk, das ausschließlich unternehmensintern über alle Hierarchiestufen hinweg genutzt wird. Oft ist das Intranet das zentrale Element der internen Unternehmenskommunikation. Hier stehen Telefonverzeichnisse und Organisationshandbücher zur Verfügung, weitere Verzeichnisse dienen der Informations- und Wissensvermittlung im Unternehmen. Auch die Beschäftigtenzeitschrift steht oft zum Download zur Verfügung. In dieser Form haben die Beschäftigten nur Lese-, aber keine Schreibrechte – ein Dialog ist damit nicht möglich (Prinz 2014).

Social Intranet

Mit dem Web 2.0 wandelte sich das herkömmliche Intranet dann zum Social Intranet mit weiteren Funktionalitäten. Nun können Beschäftigtenprofile eingefügt werden und die Mitarbeiterinnen und Mitarbeiter können die Plattform zum Social Networking nutzen. Die Profile lassen sich individuell mit Arbeitsschwerpunkten und Kompetenzen ähnlich wie bei LinkedIn und Xing anlegen.

So wird die klassische Telefonliste mit der Option erweitert, nach Experten für bestimmte Themen zu suchen und persönlich ausgewählte Netzwerke anzulegen. Dadurch können sich die Beschäftigten mit anderen Personen austauschen und sich sozial integrieren (ebd.).

Mit Newsfeeds, Foren, Chat-Funktionen oder Kommentarmöglichkeiten wird der Austausch und die Zusammenarbeit abteilungsübergreifend ermöglicht. So haben die Beschäftigten die Möglichkeit, zu selbst bestimmten Themen Threads, Fragen und Erfahrungen zu veröffentlichen. Dadurch entstehen Dialogmöglichkeiten über alle Hierarchieebenen hinweg.

Somit fördert das Social Intranet die freie Meinungsäußerung, Interaktivität und damit auch die Motivation und die Bindung der Beschäftigten an das Unternehmen. In Dashboards, die das ganze Unternehmen sieht, Communities, in denen sich Beschäftigte mit gleichen Interessen zusammenfinden, oder Workspaces, die für gemeinsames Arbeiten genutzt werden, können sich nach Meier et al. (2015) auch eher zurückhaltende Personen mit einbringen. Besonders die digitalen Workspaces bieten mit der Möglichkeit des kollaborativen Arbeitens und des verbesserten Projektmanagements weit mehr als nur Austausch (Engelhardt 2020).

Aufgaben, Termine, Meilensteine, Hinweise und Kurzinformationen werden für alle im Team einsehbar erstellt, verwaltet und kontrolliert. Nachrichten werden zentral abgelegt und Kommentare sorgen für Transparenz (Meier et al. 2015). So können sich alle Beschäftigten jederzeit Informationen zum aktuellen Status zu den Aufgaben oder zum Stand des Projektes einholen. Jede kann selbst entscheiden, wann sie welche Informationen benötigt, und dann darauf zugreifen. Jeder sollte auf diese Weise bestmöglich informiert werden – gleichzeitig wird der Informationsüberlastung wirksam vorgebeugt.

Umfragetools bieten die Möglichkeit der Beteiligung an Entscheidungen im Unternehmen. Somit deckt das Social Intranet alle drei Phasen mit Diskussion, Meinungsbildung und Entscheidungsfindung ab. Damit beweist das Management sein Vertrauen in die Beschäftigten und bietet Transparenz in der Entscheidungsfindung (Meier et al. 2015).

Ein interner Blog kann die Beschäftigtenmotivation fördern. Durch eigene Einträge vermittelt die Geschäftsführung Transparenz und Glaubwürdigkeit. So entsteht eine konsequente, offene, regelmäßige und authentische Kommunikation, die die Zufriedenheit der Belegschaft erhöht und das Vertrauen stärkt (Rogge 2014).

Im Gegensatz zu gedruckten Kommunikationsinstrumenten, wie Rundschreiben oder Aushängen am Schwarzen

Brett, liegt der Vorteil des Social Intranet in seiner Aktualität und Flexibilität als online-basiertes Instrument. Es bietet den Beschäftigten ein vielfältiges und individualisierbares Informationsangebot, bei dem alle das Intranetangebot an ihre persönlichen Belange und organisatorischen Notwendigkeiten anpassen können und welches Push- und Pull-Kommunikation erlaubt (Mast 2019).

Allerdings darf man auch nicht den großen Nachteil eines online-basierten Tools außer Acht lassen. In der Praxis steht oft nicht allen Beschäftigten ein Rechner mit Intranetzugang zur Verfügung. In Hotels, Gastronomie, in der Produktion, aber auch im Verkauf oder in der Pflege verfügt nur ein Bruchteil der Beschäftigten über einen eigenen Rechner. Eine Lösung des Problems kann es sein, eine App zu entwickeln, mit der sich die Beschäftigten mit ihren Smartphones ins Intranet einwählen können (Engelhardt 2020).

Es ist dabei allerdings auch sehr wichtig, jederzeit im Auge zu behalten, dass es immer Beschäftigte geben wird, die nicht dazu bereit sind, einen Zugang zum Unternehmensintranet auf ihrem privaten Endgerät zu installieren. Andere haben gar kein appfähiges Smartphone. Deshalb sollte ein Unternehmen immer auch andere Instrumente der internen Kommunikation nutzen.

Die Beschäftigtenzeitschrift

Eines der am häufigsten genutzten Instrumente der internen Kommunikation ist die Beschäftigtenzeitschrift, auch Mitarbeiterzeitschrift oder Mitarbeitermagazin genannt. Sie ist eines der ältesten internen Medien (Herbst 2003). Sie erscheint in gedruckter Form in regelmäßigen periodischen Abständen. Dies kann monatlich, pro Quartal oder halbjährlich sein.

Heute hat sich ihre ursprüngliche Funktion gewandelt. Früher war die Vermittlung aktueller Informationen und Nachrichten das erste Ziel der Beschäftigtenzeitschrift. Durch digitale Instrumente wie das Intranet oder per Mail versendete Newsletter sind nun Instrumente vorhanden, die aktuelle Inhalte kostengünstiger und vor allem schneller verbreiten und außerdem noch Interaktionen zulassen (Kleinjohann und Lies 2015).

Die heutige Funktion von Beschäftigtenzeitschriften liegt deshalb in der Vermittlung von relevantem Hintergrundwissen, von Zielen und Unternehmenswerten.

In einem Magazin lassen sich komplexe Zusammenhänge visualisieren, ein Zusammengehörigkeitsgefühl der Belegschaft stärken und somit die gelebte Organisationskultur darstellen.

Außerdem können hier verschiedene Meinungen zu Wort kommen. Damit hat die Beschäftigtenzeitschrift sowohl eine Orientierungs- als auch eine Integrationsfunktion für die Beschäftigten und Führungskräfte. Des Weiteren erklärt sie allen Beteiligten den Sinn, die Vision und die Strategie des Unternehmens (Jecker 2020).

Auch der Aspekt der Information ist im Zusammenhang mit der Beschäftigtenzeitschrift noch relevant. Dabei geht es primär um die Vermittlung von Transparenz, Offenheit und Verständnis für Entscheidungen und Zukunftspläne des Unternehmens. Deshalb steht die Emotionalisierung durch entsprechende Beiträge, Testimonials, Visualisierungen und Haptik im Vordergrund (Kleinjohann und Lies 2015). Nicht zuletzt drückt ein gedrucktes Werk eine besondere Wertigkeit aus.

In diesem Medium wird inhaltlich mehr auf Qualität der Informationen als auf Aktualität geachtet (Jecker 2020). Besonders wichtig: Damit ist die Mitarbeiterzeitschrift nicht mehr als Sprachrohr der Unternehmensleitung innerhalb einer reinen Top-down-Kommunikation zu sehen (Hafkemeyer 2012).

Vielmehr wird auf einen Dialog durch die Beteiligung der Beschäftigten mit meinungsbetonten Darstellungsformen wie Kommentaren, Reportagen, Hintergrundberichten und Interviews gesetzt (Schick 2014).

Durch die Verknüpfung des gedruckten oder digitalen Magazins mit multimedialen und crossmedialen Elementen wird der Dialog ermöglicht. Hier können QR-Codes oder Links zu ergänzenden Videos, Animationen oder Bildergalerien unterstützen (Jecker 2020).

Die Zeitschrift beinhaltet auch kritische Themen wie Burnout-Erkrankungen, den Umgang mit Kritik im Unternehmen oder eine Frauenquote. Dabei werden Probleme proaktiv aufgegriffen und von verschiedenen Blickwinkeln analysiert. Besonders wichtig hierbei ist, dass neben der Meinung der Unternehmensführung auch andere interne Stakeholder zu Wort kommen und so ein intern kontrovers diskutiertes Thema aus verschiedenen Sichtweisen beleuchtet wird (ebd.).

So wird den Beschäftigten eine glaubwürdige Kommunikation vermittelt, bei der die Unternehmensführung die Sorgen und Bedürfnisse der Belegschaft ernst nimmt (Hafkemeyer 2012). Besonders durch personalisiertes Storytelling lassen sich strategisch wichtige Themen und Fragestellungen emotional vermitteln.

Persönliche Kommunikation

Als dritten Bereich nennt Mast (2019) die persönliche Kommunikation. Führungskräfte haben in ihrer Funktion einen großen Einfluss auf das Verhalten und die Zufriedenheit der Beschäftigten.

Das Verhalten des direkten Vorgesetzten wirkt sich immer auf die Motivation und die Leitungsfähigkeit seiner Beschäftigten aus. Führungskräfte sind dabei Coaches, Förderer, Moderatoren und Motivatoren.

Nach Mast sind Führungskräfte die zentralen Multiplikatorinnen und Multiplikatoren der Beschäftigtenkommunikation – sie haben täglich Einfluss auf ihre Beschäftigten und damit den direkten Zugang zu ihnen.

Außerdem stellen sie als Vermittelnde zwischen den Hierarchieebenen die wichtigsten Informationsquellen für die Beschäftigten dar. Sie transportieren die Informationen der Unternehmensleitung und transferieren die Aussagen in den jeweiligen Kontext der Beschäftigten. Darüber hinaus coachen und fördern sie Beschäftigte und koordinieren und integrieren ihre Teams in die Organisation.

Aus diesem Grund sind sie und die von ihnen gesteuerte interne Kommunikation essenziell für das Funktionieren des Unternehmens und des Informationsflusses in diesem. Kommunikation ist immer ein wesentlicher Bestandteil der Führungsaufgabe – oder wie Mast kürzer sagt: Führung ist Kommunikation.

Für Klöfer (2003) sind Führungsstil und Kommunikationsstil zwei Seiten einer Medaille. Gemeinsam entscheiden sie über den Erfolg von Führungsmaßnahmen und damit auch immer über den Unternehmenserfolg.

Buchholz und Knorre (2019) gehen besonders auf die wichtige Bedeutung der internen Kommunikation für die Unternehmensführung in der VUCA-Welt ein. Unter VUCA verstehen sie eine Welt, die von folgenden Kennzeichen geprägt ist:

V – Volatility (Schwankung)
U – Uncertainty (Unsicherheit)
C – Complexity (Komplexität)
A – Ambiguity (Mehrdeutigkeit)

Durch Digitalisierung, Vernetzung, die demografische Entwicklung in vielen Ländern sowie gesättigte Märkte müssen sich Unternehmen an diese VUCA-Welt anpassen, um ihre Wettbewerbsfähigkeit zu erhalten.

Komplexität soll dabei nicht mehr reduziert oder bewältigt, sondern kultiviert werden. In diesem Verständnis wird Komplexität als Bereicherung empfunden und nicht als Störung.

Damit wird auch die bisher arbeitsteilige Arbeitsweise in funktionalen Silos in Frage gestellt und eine agile Arbeitsweise mit einer echten Eigenverantwortung der Beschäftigten als Lösung vorgeschlagen. Für die Autorinnen ist Agilität die richtige Antwort auf die VUCA-Bedingungen – Kommunikation wiederum ist hierbei das Zentrum der Agilität und kommunikationszentriertes Handeln die Bedingung für Agilität.

Im Dialog mit den Mitarbeitenden

Für Lies (2008) spielt die interne Kommunikation eine bedeutende Rolle, wenn es um Vertrauen, Identifikation und Akzeptanz des Unternehmens durch die Beschäftigten geht. Damit wirkt sie unmittelbar auf die Motivation der Beschäftigten. Jede Art von Kommunikation mit den Beschäftigten führt unmittelbar zur Bildung einer Arbeitgebermarke und hinterlässt einen entsprechenden (positiven wie negativen) Eindruck.

Für Mast (2019) beeinflusst die Glaubwürdigkeit einer Führungskraft in direkter Weise die Leistungsbereitschaft, das Engagement sowie die Motivation der Beschäftigten. Dabei bildet Glaubwürdigkeit die Basis der Führungskräftekommunikation. Sie sollten Werte, Ziele und Strategien interpretieren, einordnen sowie erklären. Machen Sie sich bewusst: Menschen bewerben sich bei Unternehmen oft wegen deren Image, sie kündigen in vielen Fällen wegen ihrer Führungskraft.

Das persönliche Gespräch sollte nach Zoller und Nussbaumer (2019) besonders für die Vermittlung komplexer Sachverhalte sowie zum Klären von Unstimmigkeiten oder Beziehungsstörungen gesucht werden. Damit ist das Gespräch mit dem Vorgesetzten ein Mittel zum Dialog und ist laut Mast (2019) sogar wirkungsvoller als die Kommunikation über offizielle Medien und auf formalem Weg platzierte Informationen.

Mit Beschäftigtengesprächen sind nicht nur die Jahresgespräche mit dem direkten Vorgesetzten gemeint, sondern beispielsweise auch die Kommunikation über die nächsten Schritte in Form von Monatsgesprächen oder eines kurzen informellen Austausches in der Kaffeeküche (Sackmann 2020).

Die besondere Bedeutung eines Beschäftigtengespräches zeigt sich darin, dass das Gespräch mit der Vorgesetzten zur Schaffung von Vertrauen und Sicherheit beitragen und emotionale Bedürfnisse der Beschäftigten erfüllen kann. Dabei wird oft weit mehr als die für die Sacharbeit notwendigen Informationen ausgetauscht.

Im Dialog zeigt sich durch Zuhören auch der grundsätzliche Respekt gegenüber dem Gesprächspartner. Besonders deutlich wird dies, wenn versucht wird, durch Fragen die Position des anderen zu erkunden und zu verstehen (Zoller und Nussbaumer 2019).

Im Employer-Branding-Prozess wird dem persönlichen Gespräch zwischen Beschäftigtem und Vorgesetzter eine große Bedeutung zugeschrieben (Immerschitt und Stumpf 2019).

Für das typische Jahresgespräch selbst gilt, dass sowohl über Leistungen aus der Vergangenheit als auch über Zielsetzungen für die Zukunft gesprochen wird. Außerdem sind die Zusammenarbeit im Team, besondere Vorkommnisse,

Ängste, aber auch die weitere berufliche Entwicklung des Beschäftigten sowie gegenseitige Erwartungen wichtige Themen (Zoller und Nussbaumer 2019).

Dabei geht es nicht nur um Beschäftigtenfeedback, sondern ebenfalls um die Rückmeldung über die Leistung des Vorgesetzten.

Je offener, vertrauensvoller und qualifizierter Gespräch und Feedback ablaufen, desto größer sind die Chancen für eine Motivations- und Leistungssteigerung sowie die Verbesserung des Beschäftigten-Vorgesetzten-Verhältnisses (Immerschitt und Stumpf 2019).

Inhaltlich geht es auch darum, dem Beschäftigten Orientierung zu geben sowie Gesprächsbereitschaft, Vertrauen und Wertschätzung auszudrücken. Außerdem lassen sich während des Gespräches Werte und Ziele des Unternehmens vermitteln und damit die Einstellung bzw. Meinung des Beschäftigten in positiver Weise verändern. Somit tragen solche Gespräche neben der normativen auch zur emotionalen Bindung des Beschäftigten an das Unternehmen bei.

Kennzeichen eines guten Dialogs sind dabei immer Zuhören, Nachfragen und Nachdenken über das Gehörte. Zu vermeiden sind dagegen Generalisierungen, Abwertungen, Belehrungen, negative Unterstellungen, Ironie und Sarkasmus, Anklagen, Vorwürfe und Kreuzverhöre (ebd.).

Zusammenfassend lässt sich sagen, dass die Qualität der Beziehung zwischen Führungskraft und Beschäftigten umso besser ist, je häufiger gemeinsam interagiert und kommuniziert wird (Sackmann 2020). Auf diese Weise wird die

Basis für gegenseitiges Vertrauen gelegt. Grundlage für die Zufriedenheit des Beschäftigten ist die Wertschätzung für dessen Meinung sowie die Anerkennung seiner Leistungen. Aus diesem Grund sollten regelmäßige Gespräche mit der direkten Vorgesetzten in Form von Jahres- oder Halbjahreszielgesprächen, Wochen- oder Monatsgesprächen stattfinden.

Veranstaltungen und Events

Neben den vorgestellten Gesprächsarten gelten auch unternehmenseigene Veranstaltungen und Events als Form des persönlichen Austausches mit Vorgesetzten und im Kollegenkreis. Gerade vor dem Hintergrund der Zunahme der digitalen Kommunikation innerhalb der notwendigerweise fortschreitenden digitalen Transformation ist das Bedürfnis nach persönlicher Kommunikation von immenser Bedeutung.

Beschäftigten-Events sind damit Instrumente der persönlichen Kommunikation und sollten deshalb gerade nach der Corona-Pandemie wieder regelmäßig stattfinden. Sie ermöglichen den Dialog zwischen den Beschäftigten und den Führungskräften, helfen dabei, sich mit noch unbekannten Kolleginnen zu vernetzen und lang bekannte Teammitglieder besser kennenzulernen.

Da interne Veranstaltungen gerade abseits des offiziellen Programms den informellen Austausch der Belegschaft fördern, schaffen sie einen wichtigen Beitrag zur sozialen Einbindung und zur normativen Beschäftigtenbindung. Führungskräfte sollten in diesem Zusammenhang die festgelegten Unternehmenswerte aktiv mittragen und leben sowie im direkten Kontakt die Beschäftigten von ihnen überzeugen (Jackson und Wolf 2014).

Weitere mögliche Ziele solcher Veranstaltungen können die Wissensvermittlung und die Kompetenzerweiterung der Beschäftigten sein. Auch die Schaffung eines gemeinsamen Wir-Gefühls und damit die Identifikation der Beschäftigten mit dem Unternehmen werden durch gemeinsame Events gefördert (Nufer 2016).

Die Unternehmenskultur und die Positionierung der Organisation werden in Art und Gestaltung der Veranstaltung erlebbar gemacht. Dabei beeinflussen die Auswahl des Veranstaltungsortes, die Programminhalte, aber auch die Dekoration, Speisen und Getränke die kommunizierte Botschaft.

Die Inszenierung des Events kann dabei zwischen arbeitsorientierten, freizeitorientierten und Infotainment-Events variieren. Arbeitsorientierte Veranstaltungen sind z. B. Schulungen und Seminare, bei denen die Information im Vordergrund steht.

Bei freizeitorientierten Veranstaltungen stehen Unterhaltung und Emotionalisierung an erster Stelle. Dies können gemeinsame Sportereignisse, Weihnachtsfeiern oder Incentive-Reisen sein.

Besonders im Change-Management sind Events von großer Bedeutung. Aus diesem Grund sollte beispielsweise im Employer Branding-Prozess der Roll-out einer neuen Positionierung durch einen gemeinsamen Kick-off stattfinden (Nufer 2016).

Bei der internen Kommunikation unterscheiden wir Abwärts-, Aufwärts- und Horizontalkommunikation. Die interne Kommunikation nutzt verschiedene Kanäle (online und offline) und ganz unterschiedliche Kommunikationsinstrumente. Oft eingesetzt werden die Beschäftigtenzeitschrift (gedruckt oder digital), Newsletter, Social Intranets und Präsenzformate wie Beschäftigtenbesprechungen und interne Events.

2.2 Welche Erfolgsfaktoren wirken bei der internen Kommunikation?

Um interne Kommunikation erfolgreich zu gestalten, ist es wichtig, sich neben den Grundsätzen für eine erfolgreiche Unternehmenskommunikation (siehe Kapitel 1.3) besonders den Bedürfnissen der Beschäftigten in puncto interne Kommunikation zuzuwenden.

Gerade die Bedeutung der Social-Media-Tools für die interne Kommunikation wird in der Praxis noch nicht voll ausgeschöpft. Nelke und Sievert (2013) zeigen auf, dass an vielen Stellen noch ein systematisches Wissen zu diesem Thema fehlt.

Dabei arbeiten die beiden Autor_innen drei fundamentale Zusammenhänge heraus, die zwischen Unternehmensführung und Kommunikationskultur einerseits sowie Social-Media-Tools und interner Kommunikation andererseits bestehen:

1. Social Media brauchen Führung – gerade bei Veränderungen: Social Media sind ein Tool, das in vielen Fällen weder Unternehmen noch Beschäftigte wirklich professionell beherrschen.

   In der Praxis stellt sich oft die Frage, welche Regeln des vernünftigen Umgangs bei der Nutzung gelten. Hier ist eine Führung gefragt, die klar zu solchen Fragen Stellung bezieht und – idealerweise dialogisch orientierte – Lösungen anbietet. Viele „Social Media Guidelines" in Unternehmen berücksichtigen diesen Aspekt leider noch nicht ausreichend.
2. Führung braucht Social Media – gerade in der Startphase: Schon länger wird in der Praxis unter Führung nicht mehr das Herumkommandieren von Beschäftigten verstanden, sondern eine „Leadership-Funktion", die Ziele vorgibt und vorlebt. Da wo sich diese Form der Führung noch nicht durchgesetzt hat, wird der Druck auf eine Änderung gerade durch den Einfluss von Social Media deutlich zunehmen.

   In Zeiten immer schneller werdender Veränderungs- und Entscheidungsprozesse ist es für eine moderne Führungskraft entscheidend, so frühzeitig wie möglich Probleme innerhalb des Unternehmens wahrzunehmen und darauf passend zu reagieren. Durch einen dialogischen, sehr symmetrischen Kommunikationsansatz können Social Media an dieser Stelle eine fundamentale Unterstützung leisten – die leider bisher viel zu selten genutzt wird.

3. Social Media und Führung werden sich gegenseitig neu definieren – grundsätzlich und langfristig: Die Grenzen zwischen „oben“ und „unten“ sowie „innen“ und „außen“ im Unternehmen werden durch die Nutzung von Social Media langfristig neu definiert.

   Für Konzerne mit ausgeprägten Hierarchieebenen kann so eine moderne Kultur des Dialogs und der Offenheit entstehen. Und KMU können durch diese neue Art von Netzwerken effizient ihre Stärken ausspielen. Die Autor_innen gehen davon aus, dass es jede künstliche, nicht sach- und kompetenzbegründete Hierarchie in Zukunft schwer haben wird. Daneben wird die Art, wie Führung Social-Media-Tools einsetzt, die Wahrnehmung und Entwicklung der Netzwerke und Dienste weiter beeinflussen.

Damit wollen Nelke und Sievert Social Media nicht nur als ein weiteres Tool verstanden wissen, sondern als eine generelle Ausdrucksform modernen Führungsverständnisses, die Führungskonzepte verändern wird.

Auch die Risiken durch die Nutzung von Social Media werden nicht verschwiegen. Sicherlich können diese Kommunikationstechnologien auch als Mittel zur Kontrolle missbraucht werden. Auch kann eine dauerhafte Auffindbarkeit von Statements und Informationen in einigen Jahren nicht mehr gewünscht sein. Trotzdem werden Unternehmen im globalen Wettbewerbsdruck nicht mehr vor der Wahl stehen, ob sie sich gegenüber Social Media weiter öffnen, sondern nur noch entscheiden können, wie sie Social Media zum eigenen Nutzen und zum Nutzen ihrer Beschäftigen mitgestalten.

Mit dem Eintritt der sogenannten Generationen Y (Geburtsjahrgänge 1981–1995) und Z (Geburtsjahrgänge ab 1996) ins Berufsleben kommen Menschen in die Unternehmen, die auf Dialogkommunikation besonderen Wert legen und mit Online-Plattformen teilweise sogar aufgewachsen sind. Sie erwarten die Nutzung dieser Kanäle in der internen Kommunikation.

Auch viele Beschäftigte, die vor 1981 geboren sind, nutzen Kommunikationsplattformen im Internet mittlerweile täglich – auch sie erwarten zu einem großen Teil eine höhere Einbindung dieser Kanäle in unternehmensbezogene Themen und Informationen.

Um den Kommunikationsbedürfnissen der Belegschaft zukünftig noch besser gerecht zu werden, sollten Unternehmen die Möglichkeiten elektronisch gestützter Kommunikation künftig stärker nutzen und so noch deutlicher auf Dialogkommunikation mit ihren Beschäftigten setzen. Nur dann wird die interne Kommunikation die Erwartungen der Zielgruppe erfüllen und sich positiv auf die Zusammenarbeit auswirken.

Mast (2019) postuliert, dass die eigenen Beschäftigten gerade durch die Nutzung von Social-Media-Kanälen zu Botschafterinnen und Influencern für das Unternehmen werden. Um diese Rollen erfolgreich ausfüllen zu können, brauchen die Beschäftigten Trainings und Coachings, Vorbilder, Unterstützung und die notwendigen Tools. Besonders wichtig: Beschäftigte in ihrer Rolle als Kommunizierende benötigen fortwährend Unterstützung durch die Abteilung Corporate Communications und individuelle Coachings für die professionelle Vertretung der Organisation im jeweiligen Umfeld.

Um die in Kapitel 2.1 vorgestellten Ziele der internen Kommunikation zu erreichen, müssen die zum Unternehmen passenden Kommunikationsmaßnahmen mit den individuell angepassten Inhalten umgesetzt werden. Hierbei geht es nach Mast (2019) immer auch um den richtigen Zeitpunkt und die regelmäßige Verbreitung von Informationen.

Um professionell intern zu kommunizieren, sollte eine auf die Organisation abgestimmte interne Kommunikationsstrategie erarbeitet werden, die in die Gesamtstrategie der Unternehmenskommunikation eingebettet ist.

Nach Zerfaß und Dühring (2016) ist die strategische Unternehmenskommunikation kein Zufallsprodukt, sondern eine bewusst initiierte und gesteuerte Kommunikation. Sie hat die Verständigung und darauf aufbauend auch die Beeinflussung bestimmter Rezipientinnen und Rezipienten zum Ziel. Auch eine Veränderung des eigenen Wissensstandes kann das Ergebnis der strategisch aufgebauten Kommunikation sein.

Die vier Phasen im Strategiebildungsprozess

Dies gilt es in einem entsprechenden Strategiebildungsprozess umzusetzen. In der Literatur stehen verschiedene Konzepte zur Verfügung – allen gleich ist die Aufteilung in Analyse-, Strategie-, Umsetzungs- und Evaluationsphase.

Damit sind alle Strategievorschläge an den klassischen Managementprozess angelehnt.

Analyse der Ausgangssituation: die Analysephase
Zunächst wird in der Analysephase ein umfassender Überblick über die vorhandene Ausgangssituation gewonnen. Hierbei wird auch die Aufgabenstellung festgelegt und die Situation der internen Kommunikation im Unternehmen erfasst. Hierzu werden je nach Ausgangssituation Beschäftigtenbefragungen, Dokumenten- und SWOT(Strengths, Weaknesses, Opportunities, Threads)-Analysen eingesetzt. Weiterhin sollten in dieser Phase das generelle Ziel der Strategie, Zuständigkeiten und das Budget festgeschrieben werden (Schick 2020).

Identifizierung der Zielgruppen und Ziele: die Strategiephase
In der Strategiephase werden auf Basis der Ergebnisse der Analyse die Zielgruppen und die auf sie jeweils ausgerichteten Ziele identifiziert. Außerdem sollte eine Positionierung aufgrund der definierten Werte und der vorhandenen Unternehmenskultur generiert werden. Anschließend leitet man für die jeweiligen Zielgruppen passende Kernbotschaften ab (Führmann und Schmidbauer 2011).

Auswahl der Kommunikationsinstrumente: die Umsetzung
Im nächsten Schritt, der Umsetzung, werden die zur Strategie passenden Kommunikationsinstrumente ausgewählt sowie die jeweiligen Inhalte nach einem Themen- und Zeit-

plan erstellt und veröffentlicht. Weiterhin werden in dieser Phase kontinuierlich die Kosten überwacht.

Erfolgsermittlung: die Evaluation

Um beurteilen zu können, ob die interne Kommunikation ihre Ziele erreicht, ist es im vierten Schritt essenziell, dass auf Basis der festgelegten Ziele eine Evaluation durchgeführt wird. Dabei wird ermittelt, ob die durchgeführten Maßnahmen zum Erfolg führen oder ob Anpassungen in der Strategie notwendig sind (Führmann und Schmidbauer 2011).

Die hier vorgestellte Kommunikationsstrategie ist der wichtigste Erfolgsfaktor für eine professionell aufgestellte interne Kommunikation. In der Praxis ist diese Strategie ein Teil der Strategie der Unternehmenskommunikation und eng verbunden mit der Employer-Branding-Strategie, mit der sich das Unternehmen als attraktiver Arbeitgeber positioniert.

Sechs Prinzipien für die Kommunikation im Unternehmen

Für Bruhn (2011) ist das Einhalten von festgelegten Gütekriterien für den Erfolg der internen Kommunikation unerlässlich. Diese sechs im Folgenden aufgeführten Prinzipien sollten immer als Rahmenbedingungen für die Kommunikation im Unternehmen dienen.

1. Als erstes Gütekriterium nennt der Autor das Prinzip der Einbindung. Hierbei ist besonders die aktive Integration der Beschäftigten in das kommunikative Netzwerk des Unternehmens von Bedeutung, da dies die Identifikation

der Mitarbeitenden mit dem Unternehmen positiv beeinflusst.

2. Das Prinzip der Frühzeitigkeit dient dazu, den eventuell aufkommenden Unmut der Belegschaft im Zuge der internen Kommunikation zu vermeiden.

   Damit ist gemeint, dass die internen Zielgruppen früher und umfassender als externe Zielgruppen zu allen Themen das Unternehmen betreffend informiert werden sollten. Im Worst Case erfahren Beschäftigte wichtige Informationen durch Gerüchte oder externe Quellen – dies gilt es unbedingt zu vermeiden! Die Belegschaft besteht aus wichtigen Botschaftern und glaubwürdigen Multiplikatorinnen für Informationen über das Unternehmen. Ausweislich dokumentiert eine schnelle und umfangreiche Einbindung der Belegschaft die Wertschätzung des Managements.

3. Auch wichtig ist es, das Prinzip der Vollständigkeit einzuhalten. Dies bedeutet, die Belegschaft immer umfänglich über unternehmerische Neuigkeiten und Zusammenhänge zu informieren.

4. Das Prinzip der Offenheit postuliert eine offene und detaillierte interne Kommunikation. Besonders wichtig ist es hierbei, dass auch unangenehme Sachverhalte, beispielsweise in Krisen, oder nicht so positiv ausgefallene Ergebnisse von Beschäftigungsumfragen kommuniziert werden. Nur so kann das Management seine Glaubwürdigkeit erhalten.

   Gerade bei ungünstigen Ergebnissen von internen Befragungen geht es darum, den Beschäftigten Wege aufzuzeigen, wie mit den Problemstellungen umgegangen wird, statt ihnen vorzugaukeln, dass alle Probleme in einer Woche behoben sind.

5. Das fünfte Prinzip nach Bruhn ist das Prinzip der Wahrheit. Es sagt aus, dass Wahrheit und Ehrlichkeit in der internen Kommunikation des Unternehmens immer berücksichtigt werden müssen.
6. Als letztes Prinzip stellt Bruhn das Prinzip des Vertrauens vor. Vertrauen sollte wechselseitig zwischen Management und Belegschaft vorhanden sein und die Kommunikation bestimmen. Nur so kann eine optimale Einbindung aller Bezugsgruppen realisiert und schlussendlich zielführend intern kommuniziert werden.

Wie bereits ausgeführt, liegen die Ziele und Aufgaben der internen Kommunikation in der Information der Angestellten, ihrer Gewinnung als positive Unternehmensbotschafterinnen und -botschafter, der Steigerung der Begeisterung, der Einsatzfreude und der Motivation der Beschäftigten sowie der Stärkung ihrer Bindung an das Unternehmen und ihrer Identifikation mit dem Unternehmen.

Allerdings sollten sich Kommunikationsverantwortliche im Unternehmen auch bewusst sein, dass die interne Kommunikation kein Allheilmittel ist und natürlich auch Grenzen ihrer Wirksamkeit aufweist.

Besonders in den Themen Beschäftigtenbindung und Halten von Mitarbeiterinnen und Mitarbeitern im Unternehmen ist das Beachten einiger weiterer Stellschrauben neben der internen Kommunikation notwendig, um erfolgreich zu sein.

Um die intrinsische Motivation der Belegschaft zu erhöhen, sind nicht nur Informationen notwendig. Hier können Tools wie Jobsharing oder Job-Rotation Abwechslung in den Arbeitsalltag bringen, die Ganzheitlichkeit der Tätigkeit hervorheben und damit die Bindung an den Arbeitsplatz erhöhen.

Außerdem ist es für die Bindung ans Unternehmen wichtig, dass die Beschäftigten wissen, inwiefern ihre Rolle auf die Ziele des Unternehmens einzahlt, also wie bedeutsam ihre Arbeit für den Unternehmenserfolg ist.

Auch das Mitnehmen der Beschäftigten und ihre Beteiligung an internen Prozessen wirkt sich positiv auf ihre Bindung an das Unternehmen aus. Wird den internen Bezugsgruppen vermittelt, dass ihre Beteiligung erwünscht ist, und werden den Beschäftigten Mitwirkungsmöglichkeiten aufgezeigt, bewirkt die interne Kommunikation eine Bereitschaft und Aktivierung der Beschäftigten, die anschließend in eine stärkere Verankerung in die Organisation mündet (Hubert 2021).

Die hier dargestellten Aspekte zeigen, dass eine Vielzahl von Determinanten für die Beschäftigtenbindung in der Praxis in der internen Unternehmenskommunikation verortet sind, einige aber auch darüber hinausgehen.

Abschließend lässt sich zusammenfassen, dass eine erfolgreiche interne Kommunikation die Kommunikationsbedürfnisse der Zielgruppen berücksichtigt, Online-Tools umfasst, strategisch aufgebaut wird, nach den sechs Gütekriterien nach Bruhn (2011) vorgeht und sich auch ihrer Grenzen bewusst ist.

2.3 Wieso wird die interne Kommunikation für den Unternehmenserfolg immer wichtiger?

Nach der Corona-Pandemie wird hybrides Arbeiten das New Business Normal. In vielen Branchen werden die Beschäftigten flexibel und ortsunabhängig tätig sein und zwischen folgenden Arbeitsorten individuell wechseln:

- Tradiertes Büro
- Homeoffice
- Coworking Space in der Stadt oder auf dem Land
- Mobiles Arbeiten im Zug, im Flugzeug oder am See

Diese neue Arbeitsweise wurde bereits vor der Pandemie von Beschäftigten gewünscht, in vielen Fällen aber von den Unternehmen bzw. Vorgesetzten abgelehnt. Durch die pandemiebedingten Restriktionen mussten viele Beschäftigte ins Homeoffice wechseln.

Alle Beteiligten, Beschäftigte und Unternehmen, lernen gerade, mit diesen neuen Gegebenheiten professionell umzugehen. Dabei wird alles digitaler und agiler, aber auch volatiler. Dies hat Auswirkungen auf die Mitarbeiterinnen und Mitarbeiter, die die Personalverantwortlichen zukünftig mitdenken sollten (Nelke 2020):

1. Selbstorganisation:
   Da die Grenze zwischen privater und beruflicher Arbeitszeit durch das Homeoffice verschwimmt, steigt gleichzeitig der Bedarf und der Wille, sich selbst zu organisieren und selbst zu bestimmen, wie viel Arbeit in welcher Zeit zu schaffen ist. Auch die Tageszeit, zu der die Person am besten und produktivsten arbeitet, kann individuell ausgewählt werden.

2. Arbeiten als Eltern:
   Sind die Kinder auch zu Hause, müssen die arbeitenden Eltern ihre Kindergartenkinder und zeitweise auch das Homeschooling betreuen und trotzdem Zeit und Ruhe für ihre Arbeit finden. Deshalb können sich die Zeiten verändern, in denen die Beschäftigten produktiv arbeiten können.

   Und es wird noch wichtiger, dass die Beschäftigten eine gute Balance zwischen den verschiedenen Bereichen finden und sich immer wieder selbst reflektieren.

3. Arbeitszufriedenheit:
   Die Pandemie-Situation hat gezeigt, dass viele Beschäftigte mit den Anforderungen des ‚New Business Normal' gut zurechtkommen, einige fühlen sich zeitweise überfordert, andere gewinnen durch die veränderte Arbeitsweise mehr Motivation und Zufriedenheit.

Für die Unternehmen gilt es, auf die individuellen Bedürfnisse der Beschäftigten einzugehen und in der Praxis neue Konzepte der kreativitätsfördernden, partizipativen und integrativen Führung auszuprobieren.

Nach den Lockdowns ist weiterhin davon auszugehen, dass mehr Unternehmen ihren Beschäftigten die Freiheit lassen, nach ihren individuellen Wünschen und ihrer privaten Situation zu entscheiden, wie und wo sie arbeiten können und wollen.

Dies geht natürlich nur in den Berufen und Branchen, in denen hybrides Arbeiten auch möglich ist – im Restaurant oder im Krankenhaus müssen die Beschäftigten am Gast oder Patienten arbeiten –, aber hier wird sich flexibles Arbeiten auch nach der Pandemie durchsetzen.

Die interne Kommunikation trägt viel zum Gelingen dieser neuen Arbeitsweise bei. Interne Kommunikation muss mit der passenden Führungsstrategie professionell aufgestellt werden.

Dabei gilt das Motto: Vertrauen vor Kontrolle – Unternehmen und Vorgesetzte sollten lernen, eine Kultur der selbstverantwortlichen Eigenständigkeit aufzubauen (20blue 2021).

Dies bedeutet, dass tradierte Führungskonzepte an das hybride Arbeiten angepasst werden müssen. Auch die Führungskräfte müssen das Führen von (semi-)virtuellen Teams aus dem Homeoffice heraus erst einmal lernen. Dazu sollten sie Verantwortung abgeben und die Beschäftigten Verantwortung annehmen.

Startups als Vorreiter

Vorreiter bei dieser Entwicklung sind die Start-ups. Viele von ihnen wurden bereits remote gegründet – deshalb war es ihnen im März 2020 problemlos möglich, von einem Tag auf den anderen zu hundert Prozent ins Homeoffice zu gehen – die dafür notwendigen Strukturen (der IT-Infrastruktur und der internen Kommunikation) waren vorhanden (Nelke 2020).

Zukünftig werden viele Unternehmen hybrides Arbeiten anbieten müssen. Die jungen Beschäftigten der Generationen Y und Z mit ihren veränderten Werten und Erwartungen an einen Arbeitgeber werden nur bei Organisationen arbeiten wollen, die eine flexible Arbeitsweise anbieten.

Dabei darf nicht vergessen werden, dass die Beschäftigten je nach ihrer Persönlichkeitsstruktur unterschiedlich mit diesem New Business Normal umgehen. Extravertierte ziehen ihre Kraft aus der Interaktion und vermissen deshalb das Team mehr als Introvertierte – bei virtuellen Morgenmeetings sprechen sie schneller Dinge an, die ihnen Schwierigkeiten machen.

Aus diesem Grund sollten die Organisationen Instrumente und Tools der internen Kommunikation entwickeln, die allen Beschäftigten die Möglichkeit bieten, mit der hybriden Arbeitsweise bestmöglich umzugehen.

Gute Beispiele dafür liefern wieder Start-ups – in ritualisierten Morgenrunden werden die Teammitglieder zuerst mit echtem Interesse gefragt, wie es ihnen geht. Hiermit werden die Individuen auf der subjektiven Ebene abgeholt, und Personen, die eher ruhig sind, werden angeregt, über ihr Wohlbefinden oder ihre Schwierigkeiten mit der Arbeitssituation zu sprechen.

Diese direkte Ansprache holt die Beschäftigten im virtuellen Raum ab und stärkt das Gefühl der Teilhabe an der Arbeitsgruppe. Gerade in dezentralen Arbeitsumgebungen sollte diese menschliche Ebene auf keinen Fall zu kurz kommen.

Eine Umfrage von tagesschau.de unter zehn DAX-Konzernen hat ergeben, dass nach dem Ende der Homeoffice-Pflicht eine flexible Kombination aus Homeoffice und Anwesenheitszeiten im herkömmlichen Büro das Arbeitsleben auszeichnen werden.

Grundtenor der Umfrage war es, dass ein komplettes Zurück in die alte Welt vor der Pandemie nicht gewünscht ist. Die meisten der Befragten sprachen sich für ein Hybridmodell mit mehreren Tagen im Homeoffice aus. Die Unternehmen wollten gemeinsam mit ihren Beschäftigten das richtige Gleichgewicht zwischen dem Arbeiten im Büro und von zu Hause aus finden.

Insgesamt wurde davon ausgegangen, dass Präsenz Innovation und Kreativität fördert – aus diesem Grund wollten mehrere Unternehmen mehr Begegnungsflächen im Unternehmen schaffen. SAP ging bei der Befragung besonders weit – das Unternehmen stellt seinen Mitarbeitenden zukünftig völlig frei, wann sie im Büro, zu Hause oder unterwegs arbeiten wollen – der 100 Prozent flexible und vertrauensbasierte Arbeitsplatz soll zukünftig als Norm, nicht als Ausnahme gelten.

In Zukunft wird hybrides Arbeiten das New Business Normal sein – Büro, Homeoffice, Coworking Spaces und mobiles Arbeiten werden sich dort, wo es geht, abwechseln. Damit kommt der internen Kommunikation eine noch größere Bedeutung zu, denn hybride Teams müssen hybrid geführt werden.

- Eine erfolgreiche Kommunikation berücksichtigt immer die Kommunikationsbedürfnisse der Zielgruppen.
- Sie beinhaltet Online-Tools.
- Sie ist strategisch aufgebaut.
- Sie arbeitet nach ausgewiesenen Gütekriterien.
- Dabei nutzt sie die für die Organisation relevanten Kanäle und Instrumente, um stringente Botschaften an die internen Zielgruppen zu kommunizieren.

Welche Rolle hat die interne Kommunikation im Innovationsprozess?

Seite 68

Welche Faktoren interner Kommunikation kommen im Employer Branding zum Tragen?

Seite 70

Wie gestaltet sich die interne Kommunikation bei inga.?

Seite 73

3. Interne Kommunikation in der Praxis

Für die beiden wichtigen Unternehmensbereiche Innovation und Employer Branding sind interne Kommunikationsprozesse besonders wichtig. Kommunikation ist für beide Unternehmensbereiche ein essenzieller Erfolgsfaktor.

Im Folgenden wird die Bedeutung der internen Kommunikation im Innovationsmanagement sowie beim Aufbau einer starken Arbeitgebermarke in der organisationalen Praxis dargestellt.

Anschließend wird anhand des Unternehmensbeispiels inga. die interne Kommunikation eines Start-ups vorgestellt und analysiert.

3.1 Interne Kommunikation im Innovationsprozess

In den letzten Jahren hat die interne Kommunikation innerhalb von Innovationsprozessen in Unternehmen an Wichtigkeit gewonnen. Dies gilt im Besonderen für die Führungskräftekommunikation (Nelke 2019).

Führungskräften kommt eine entscheidende Rolle im Innovationsprozess zu – sie bestimmen, wie schnell Innovationen vorangetrieben werden und inwieweit sie im Unternehmen und in den Köpfen der Mitarbeitenden implementiert werden.

Nach Zerfaß (2009) findet das Handeln der einzelnen Akteure im Innovationsprozess genauso wie das Zusammenspiel von internen und externen Stakeholdern vor dem Hintergrund kognitiver Schemata, Ressourcenverteilungen und Regeln statt. Mit ihnen wird festgelegt, was neue Produkte und Dienstleistungen, Technologien und Prozesse bedeuten, wem sie nutzen und wie sie von den Bezugsgruppen bewertet werden.

Da die beschriebenen Strukturen in Kommunikationsprozessen geschaffen, reproduziert und modifiziert werden, kommt der Kommunikation nach Zerfaß die entscheidende Rolle als konstitutives Element der Innovation zu. Aus diesem Grund müssen die Kommunikationsverantwortlichen in die konkreten Handlungskontexte des Innovationsmanagements einbezogen werden – nur so kann dieser Prozess erfolgreich verlaufen.

Daraus ergeben sich auch neue Anforderungen und Rollen für die Kommunikationsmanagerinnen und -manager in der Innovationskommunikation.

Weiterhin gelten Innovationen als interessante Themen der Unternehmenskommunikation. Sie sind eine chancenreiche Möglichkeit, das Unternehmen als zukunftsgewandt darzustellen und mit Erfolg versprechenden Innovationen im Wettbewerb um öffentliche Aufmerksamkeit an Sichtbarkeit zu gewinnen (Nelke 2019).

Innovationen sind aber auch ein wichtiges Thema der internen Kommunikation. Für die Beschäftigten ist es auf der einen Seite fachlich wichtig, zu wissen, mit welchen Innovationen sich ihr Unternehmen gerade beschäftigt. Außerdem haben spannende Innovationen für die eigenen Mitarbeiterinnen und Mitarbeiter einen positiven Einfluss auf das Image des Unternehmens als interessanter Arbeitgeber.

Innovationen brauchen interne Kommunikation, um überhaupt entstehen zu können und weiterentwickelt zu werden. Innovationen sind aber auch ein wichtiges Thema der internen Kommunikation, um die Reputation des Unternehmens nach innen und außen zu verbessern.

3.2 Interne Kommunikation im Employer Branding

Aufgrund des demografischen Wandels nimmt die Zahl potenzieller Arbeitskräfte in Deutschland immer weiter ab. Damit hat sich der Wettbewerb um die Talente deutlich verstärkt, der sogenannte War for Talents zwischen den Organisationen und Unternehmen verschärft sich.

Aus dieser Personalknappheit ergeben sich in zahlreichen Branchen bereits heute verpasste Wachstumschancen, die mit einem großen wirtschaftlichen Schaden einhergehen.

Dabei ist nicht nur das Finden der zukünftigen Beschäftigen schwieriger als noch vor einigen Jahren, auch das Binden und Halten der guten Leute im Unternehmen fällt schwerer, da immer häufiger die emotionale Bindung an das Unternehmen fehlt. Die Folgen dieser Entwicklung sind eine höhere Fluktuation, mehr Fehltage und eine insgesamt niedrigere Produktivität (Nelke und Fischer 2018).

Die Schaffung einer starken Arbeitgebermarke, das sogenannte Employer Branding, hat in den letzten Jahren stark an Bedeutung gewonnen. Dabei helfen der Aufbau und die Pflege einer starken Employer Brand den Unternehmen dabei, die richtigen Beschäftigten für das Unternehmen zu begeistern und bei den vorhandenen Mitarbeitenden für eine hohe Identifikation mit dem Unternehmen zu sorgen.

Auch wenn der Aufbau einer starken Arbeitgebermarke in vielen Fällen darauf abzielt, neue Beschäftigte für die

Organisation zu gewinnen, wird sie zunächst mit der internen Implementierung im Unternehmen verankert. Auch mittelfristig dient eine starke Employer Brand dazu, vorhandene Beschäftigte durch Behavioral-Branding-Maßnahmen

- für die Arbeitgebermarke zu begeistern,
- zu binden und
- ein markenorientiertes Verhalten zu bewirken.

Beschäftigte gelten als wichtige Multiplikatorinnen und Multiplikatoren der Arbeitgebermarke nach innen und nach außen.

Nach Kriegler (2015) geht es beim Wachsen einer Arbeitgebermarke um vier Felder, die bearbeitet werden müssen:

1. Führung
2. Personalmanagement
3. Interne Kommunikation
4. Gestaltung der Arbeitswelt

Für die Kommunikation der Arbeitgebermarke gilt immer:

Erst nach innen, dann nach außen!

Hierbei sorgen Informationen dafür, dass die Beschäftigten die Inhalte der Arbeitgebermarke kennen und verstehen. Interner Dialog und Reflexion sorgen dafür, dass sie die Inhalte verinnerlichen. Die Einbeziehung der vorhandenen Mitarbeitenden in die Entwicklung konkreter Maßnahmen zum Erlebbarmachen der Arbeitgebermarke sorgt dafür, dass die Employer Brand immer wieder spürbar mit- und vorgelebt wird.

Eine professionell aufgestellte interne Kommunikation gibt den Beschäftigten weiterhin das Gefühl, dass ihre Meinung wichtig ist und dass das Unternehmen bzw. die Führungskräfte sie wertschätzen.

Außerdem werden nur alle für die Arbeitstätigkeit wichtigen Informationen immer zur richtigen Zeit am richtigen Ort sein, wenn die interne Kommunikation im Unternehmen strategisch gut aufgestellt ist und die Bedürfnisse aller Beschäftigten einbezieht.

Dies gilt besonders in (teil-)virtuell arbeitenden Teams, wie in Kapitel 2.3 beschrieben. Hier bündelt die interne Kommunikation die räumlich entfernt arbeitenden Beschäftigten und hat die Aufgabe, allen alle relevanten Informationen für ihre Arbeit bereitzustellen.

Interne Kommunikation ist für die Bildung einer Arbeitgebermarke essenziell. Mit einer professionellen internen Kommunikation gelingt es Unternehmen, gute Beschäftigte zu halten und zu Multiplikatorinnen zu machen, die in ihrem eigenen Umfeld positiv über ihr Unternehmen als Arbeitgeber sprechen und damit möglicherweise neue Talente für das Unternehmen interessieren.

3.3 Die interne Kommunikation bei inga.

Mit Recruiting-Chatbots zu neuen Beschäftigten, zum „Love for Talents" – diese innovative Active-Sourcing-Methode hat das HR-Tech-Start-up entwickelt. Die Idee entstand im Juli 2017, im Februar 2019 wurde inga. zur eingetragenen GmbH.

Die Gründerinnen Corinna Haas und Kim Körber starteten ihre HR-Karrieren mit dem Rekrutieren von Investment-Bankern und Managerinnen. Und beide hatten unabhängig voneinander das Gefühl, dass diese Talentgruppe der High Potentials grundsätzlich keine weitere Unterstützung beim Bewerben benötigt. Die Talente sind online und offline gut vernetzt, lassen sich von Headhuntern finden und können sich außerdem gut selbst vermarkten. Wenn es sein muss, nehmen sie das nötige Geld in die Hand und lassen sich aussagekräftige Bewerbungsunterlagen professionell erstellen (Nelke 2020).

Bei anderen Beschäftigungsgruppen sieht dies ganz anders aus – gerade bei Fachkräften spüren die Unternehmen seit einigen Jahren den deutlichen Mangel schmerzhaft, weil volle Auftragsbücher nicht effizient abgearbeitet werden können.

Die beiden Gründer von inga. erkannten hier den Fehler im System: Für viele (gewerbliche, technische und handwerkliche) Fachkräfte besteht das klassische Bewerbungsverfahren aus einer Aneinanderreihung von Hürden, wie z. B. der Online-Bewerbung mit Lebenslauf und Motivationsschreiben.

Denn die fachliche Kompetenz eines Handwerkers oder einer Krankenschwester liegt nun mal nicht darin, den Tag vor dem Computer zu verbringen oder sich selbst zu vermarkten. Deshalb sind sie weniger auf Xing und LinkedIn unterwegs. Erreichbar sind sie allerdings über Facebook und Instagram.

Aus diesem Grund hat sich inga. auf das Recruiting von Fachkräften bzw. Arbeitnehmerinnen mit einem Jahresgehalt zwischen 20 000 und 60 000 Euro spezialisiert und kombiniert die Aktivierung von Talenten über Social-Media-Kanäle mit maßgeschneiderten Chatbots zur Vorqualifikation. Neben den Bereichen Bau, Produktion, Logistik, Vertrieb, Servicetechnik und Kundenservice funktioniert dies auch für den IT-Bereich, kaufmännische Berufe und das Gesundheitswesen.

Die Kunden des Start-ups sind vor allem Mittelstandsunternehmen und Personaldienstleister. Inzwischen ist inga. ebenfalls attraktiv für Headhunter und Global Players, die sich durch ihre Methode neue Talente-Pools erschließen.

Momentan arbeiten zwölf Mitglieder bei inga. Das Start-up besteht aus einer bunten Mischung aus Festangestellten, Freelancern, Werkstudierenden, Remoties, HR-Expertinnen, Techies, Storytellerinnen und Visionären. Während der Corona-Pandemie wurde komplett im Homeoffice gearbeitet (was einen großen Einfluss auf die interne Kommunikation hat) und seit Sommer 2021 trifft man sich einmal pro Woche im Büro im Taunusturm im Herzen von Frankfurt (Nelke 2020).

Aufgrund der sich stark im virtuellen Raum abspielenden Arbeitsweise, die auch zukünftig hybrid weitergeführt wird, sind professionelle Tools der internen Kommunikation für inga. essenziell. Hierbei wird die interne Kommunikation über die Tools Slack, Notion, Asana, zwei WhatsApp-Channel und möglichst selten über Mails abgewickelt.

Die Hauptkommunikation im Team läuft dabei über Slack in thematischen Channels ab, die eine schnelle Kommunikation erlauben. In Slack sollte aber nichts rein, was langfristig dokumentiert werden muss.

Notion dient als internes Wikipedia, in dem Themenseiten abgelegt und Best-Practice-Beispiele dargelegt werden. Notion wird dabei als zentraler Ort für schnell auffindbare wichtige Informationen zur Firmenkultur, zu Prozessen und auch zum Ideen-Sammeln genutzt.

inga. hat sich zum Ziel gesetzt, intern auf Mails komplett zu verzichten – dies gelingt allerdings nicht immer. Meistens sind es externe Mails, z. B. von Kunden oder Presseanfragen, die intern dann doch weitergeleitet werden. Eigentlich sollten die externen Mails durch eine Verknüpfung mit Slack entsprechend an das Kommunikationstool weitergeleitet und dort besprochen werden.

Mit der Projekt-Management-Software Asana können die Beschäftigten sich selbst Aufgaben eintragen und auch für andere Beschäftigte Aufgaben erstellen. Außerdem wird der komplette Produktionsablauf in Asana organisiert inkl. Deadlines. So wird jeder Schritt für alle nachvollziehbar.

Bei inga. gilt: Keine Aufgabe ohne Deadline. Außerdem sollen die Aufgaben immer SMART (spezifisch, messbar, akzeptiert, realistisch und terminiert) formuliert werden.

Zwei WhatsApp-Channel ergänzen die interne Kommunikation:

1. urgent: Hier kommen nur äußerst dringende Themen rein, z. B. wenn ein dringliches technisches Problem auftaucht oder neu verabschiedete Corona-Regeln ein geplantes Treffen im Büro platzen lassen.

2. random: Dieser Channel dient der menschlichen Komponente der Kommunikation. Hier geht es nicht um die Arbeit, sondern um den privaten Austausch im Team. Wer ist gerade zusammen am See oder sendet schöne Grüße aus dem Urlaub?.

Auf Slack gibt es ebenfalls einen Random-Channel, der für Themen außerhalb des Arbeits-Kontextes genutzt wird.

Die so wichtige menschliche Komponente der internen Kommunikation wird auch durch den Meeting Monday unterstützt. Montags finden so gut wie alle internen Meetings statt, dafür gibt es an diesem Tag weniger externe Kommunikation.

Im Family Weekly erzählt jeder Beschäftigte vom Wochenende, mit welchen Plänen und Gefühlen er oder sie die neue Arbeitswoche beginnt und was sonst noch auf der Seele brennt. Die Reihenfolge der Redenden ergibt sich immer aus einer vorher gewählten Kategorie – z. B. Alter, Größe, Bräunungsgrad, Anzahl der Mückenstiche etc. Ziel des Meetings ist, dass sich das Team ungezwungen zusammenfindet und mit einem Gemeinschaftsgefühl zusammen in die Woche starten kann.

Montags findet um 10 Uhr dann auch die OKR(objective and key results)-Runde im Kernteam statt. In dieser 30-minütigen Einheit mit klar strukturierter Agenda werden die in der vergangenen Woche gesetzten Ziele und umgesetzten Projekte (Initiatives) der einzelnen Beschäftigten analysiert und neue für die anstehende Woche festgelegt. Hier geht es um Abschlüsse, Umsätze, online gestellte Kampagnen u. Ä.

Im Laufe des Tages finden dann auch wöchentliche Meetings zu bestimmten Themenbereichen statt. Im Finance Weekly trifft sich z. B. das Team, das sich um die Finanzen kümmert, im Sales Weekly das Sales-Team usw.

Das Team nutzt einen gemeinsamen Online-Kalender, in dem jeder einsehen kann, was beim jeweils anderen gerade ansteht und wer wann erreichbar ist.

Am Donnerstagabend um 17 Uhr findet dann das inga. retro statt. Dies dient als Wochenabschluss (donnerstags, da freitags nicht alle arbeiten).

Hier wird nach dem KIP-Prinzip (keep, improve, praise) gearbeitet. Zunächst erfolgt drei Minuten Stillarbeit nach den Fragen:

- Was will ich behalten?
- Was könnte man wie verbessern?
- Was möchte ich besonders loben?

Im Company update wird dann wiederum über firmenrelevante Entwicklungen und News berichtet.

inga. hat sich für eine möglichst effektive und effiziente interne Kommunikation folgende Meetingregeln gegeben:

- produktiv
- pünktlich
- Agenda und Agendaverantwortliche
- ausreden lassen
- Jeder darf wegbleiben oder rausgehen, wenn das Thema nicht relevant ist.
- nur Notwendiges

Eine Mitarbeiterin ist Chef Happiness Officer und führt regelmäßige 1:1-Gespräche. Außerdem darf im 360-Grad-Feedback jede zwischenmenschliches und arbeitsspezifisches Feedback geben – die Ergebnisse werden ungefiltert offengelegt. Hierbei handelt es sich um für Start-ups typische Peer-Feedbacks.

Zwischenmenschliche Probleme sollen direkt mit den betroffenen Personen besprochen und wenn möglich im Zwiegespräch geklärt werden, damit sie sich nicht langfristig negativ auf die Zusammenarbeit und das Team-Gefühl auswirken. Klappt das nicht, wird die Chief Happiness Officer als Mediatorin eingebunden.

Die Anwesenheit im Büro im Taunusturm ist für niemanden Pflicht, eine Beschäftigte hat 3,5 Jahre Teile des Jahres im nichteuropäischen Ausland verbracht. Zu Beginn der Corona-Pandemie ist das gesamte Team im März 2020 geschlossen ins Homeoffice gegangen. Am Ende des Lockdowns wurde ein freiwilliger Office-Tag pro Woche eingeführt.

Die Hälfte der Beschäftigten wohnt so, dass sie den Taunusturm innerhalb von 30 Minuten erreichen kann, die andere Hälfte nicht. Zukünftig sind wieder Team-Events, sowohl im Büro, auf der Dachterrasse im Taunusturm, aber auch in Form von Betriebsausflügen geplant. Aber auch während des Lockdowns wurde per Zoom zusammen gekocht und es fand eine virtuelle Weihnachtsfeier statt, bei der gewichtelt und getanzt wurde.

Wie in den vorangegangenen Kapiteln beschrieben, nutzt das Start-up inga. viele Tools der internen Kommunikation, um sich sowohl zu jobspezifischen als auch im menschlichen Bereich auszutauschen und sich als Team zu fühlen.

Insgesamt lässt sich sagen, dass die hier vorgestellte interne Kommunikation professionell und erfolgreich abläuft – die Beschäftigten fühlen sich wertgeschätzt und mitgenommen und erhalten alle wichtigen Informationen, die sie für ihre Arbeit und auch für ihr Wohlbefinden brauchen.

Auch bei inga. wurde während und nach dem Lockdown deutlich, dass Beschäftigte mit unterschiedlichen Persönlichkeitstypen verschiedene Umgangsweisen und Wünsche an Remote-Work und hybrides Arbeiten haben.

inga. ist ein gutes Beispiel dafür, wie ein Unternehmen seinen Beschäftigten größtmögliche Freiheit in der individuellen Arbeitszeitgestaltung geben kann und gleichzeitig durch professionelle Tools der Arbeitsablauf gut funktioniert, obwohl das Team meistens nicht an einem Ort arbeitet.

Abschließend können wir zusammenfassen:

- Interne Kommunikation soll dafür sorgen, dass die richtigen Informationen die richtigen Menschen zur richtigen Zeit erreichen.
- Hierfür ist es notwendig, dass die interne Kommunikation strategisch geführt wird.
- Ein professionelles Kommunikationskonzept wie in den Kapiteln 1.3 sowie 2.2 beschrieben, das die interne und externe Kommunikation integriert, ist dafür eine gute Basis.

Sieben Erfolgsregeln für die interne Kommunikation

1. Strategische Aufstellung ist wichtig.
Damit die Unternehmenskommunikation und damit auch die interne Kommunikation reibungslos funktionieren, sollte ein professionelles integriertes Kommunikationskonzept mit den Phasen Analyse, Planung, Strategie und Evaluation erarbeitet und umgesetzt werden. Hierbei werden die Zielgruppen definiert und die Kernbotschaften festgelegt. So trägt die interne Kommunikation mittel- und langfristig zum Unternehmenserfolg bei.

2. Interne Kommunikation ist Dialog.
Eine erfolgreiche interne Kommunikation vermeidet reine Top-down-Kommunikation. Vielmehr sollte ein kontinuierlicher Dialog zwischen den Beschäftigten, den Vorgesetzten und der Unternehmensleitung ablaufen – nur so fühlen sich Mitarbeiterinnen und Mitarbeiter mitgenommen, wertgeschätzt und können mit ihrem Wissen zum Gelingen der Kommunikation und zum Erfolg des Unternehmens beitragen.

3. Interne Kommunikation nutzt Online-Medien.
Elektronisch gestützte Medien wie Social Intranet, Corporate Blogs oder Tools wie Slack, Notion und Asana machen die interne Kommunikation schnell und effizient. Chatfunktionen und Kommentarmöglichkeiten helfen auch großen

Unternehmen, online interaktiv zu kommunizieren. Umfragetools runden das Angebot ab.

4. Interne Kommunikation ist essenziell in der VUCA-Welt.
Gerade in Zeiten der Volatilität und Unsicherheit hat die interne Kommunikation einen besonders großen Stellenwert. Mit ihrer Hilfe werden aktuelle Sachverhalte erklärt und die Beschäftigten am stetigen Weiterentwicklungsprozess des Unternehmens beteiligt.

5. New Business Normal braucht interne Kommunikation.
Gerade Unternehmen, die hybrid und agil arbeiten, benötigen eine effizient aufgestellte interne Kommunikation. Im New Business Normal sollte die Selbstorganisation der Beschäftigten durch eine gute Kommunikationsstruktur unterstützt werden – nur so werden alle Beschäftigten zur richtigen Zeit die Informationen haben, die sie brauchen – und sich wertgeschätzt und als Teil des Teams fühlen. Führung muss sich dieser neuen Arbeitsweise anpassen – der internen Kommunikation kommt eine wichtige Aufgabe in diesem Prozess zu.

6. Interne Kommunikation ermöglicht Innovationen
Der Innovationsprozess braucht professionelle Kommunikation – nur so wird der optimale Ablauf der einzelnen Schritte hin zur Entstehung von Innovationen garantiert und alle Beteiligten können ihre Aufgaben optimal erfüllen.

7. Interne Kommunikation unterstützt Employer Branding. Im Wettbewerb um gute Arbeitskräfte nutzen erfolgreiche Unternehmen die interne Kommunikation, um gute Beschäftigte im Unternehmen zu halten und gleichzeitig als Multiplikatorinnen und Multiplikatoren nach außen einzusetzen – so präsentiert sich das Unternehmen als attraktiver Arbeitgeber bei interessierten Talenten.

Fast Reader

1. Was versteht man unter Unternehmenskommunikation?

In Zeiten der Digitalisierung und des demografischen Wandels konkurrieren Unternehmen und Organisationen nicht mehr nur um Kunden, sondern auch um potenzielle Talente. Deshalb ist es ihr Ziel, als verantwortungsbewusstes Mitglied der Gesellschaft anerkannt zu werden und somit die sogenannte „License to operate" zu erhalten.

Mit der medialen Vernetzung geht eine immer größer werdende Transparenz in Bezug auf das unternehmerische Handeln einher – damit wird eine professionell aufgestellte interne und externe Unternehmenskommunikation immer wichtiger und gilt heute als notwendiger Faktor für den unternehmerischen Erfolg.

Für Zerfaß und Volk (2019) beinhaltet die Unternehmenskommunikation vier Teilfunktionen:

- Interne Kommunikation: Kommunikation zwischen Unternehmensleitung, Führungskräften und Beschäftigten
- Marktkommunikation: Kommunikation in Richtung Kundinnen, Handelspartnern und Wettbewerb
- Public Relations: Kommunikation mit gesellschaftspolitischen Gruppen, NGOs, Journalisten und anderen Multiplikatorinnen

- Finanzkommunikation: Kommunikation in Richtung der Anteilseigner sowie der Akteurinnen auf dem Kapitalmarkt

Unternehmenskommunikation sollte sich dabei an dem klassischen Managementkreislauf orientieren und die vier Phasen Analyse, Strategie, Umsetzung und Evaluation beinhalten.

Nach Bruhn (2009) ist es wichtig, alle Kommunikationsinstrumente einheitlich zu führen – nur so werden die gesetzten Kommunikationsziele auch wirklich erreicht. Dieses Vorgehen bezeichnet der Autor als „integrierte Kommunikation".

2. Interne Kommunikation

Die interne Kommunikation ist ein Teilbereich der Unternehmenskommunikation. Sie richtet sich ausschließlich nach innen und verbindet die Unternehmensleitung, die Führungsebene und die Beschäftigten miteinander. Interne Kommunikation ist von strategischer Bedeutung für die Unternehmensführung – es gilt das Motto: Erst nach innen, dann nach außen. Nur so fühlen sich die Beschäftigten wertgeschätzt und mitgenommen.

Lies (2008) unterscheidet drei Arten der internen Kommunikation:

- Abwärtskommunikation (Top down-Kommunikation): Hierbei kommuniziert die Führungsebene an die Beschäftigten.

- Aufwärtskommunikation (Bottom-up-Kommunikation): In diesem Fall kommunizieren die Beschäftigten an die Unternehmensleitung.
- Horizontalkommunikation: Diese Kommunikation beinhaltet den Austausch von Informationen innerhalb einer Hierarchieebene.

Für Mast (2019) hat die interne Kommunikation folgende Ziele:

- Sie garantiert die optimale Aufgabenerfüllung der Beschäftigten durch die Bereitstellung der notwendigen Informationen.
- Sie unterstützt die Beschäftigten, ihr Wissen zu mobilisieren, sowie die Förderung von Engagement (Partizipation).
- Sie erhält und steigert die Zufriedenheit der Beschäftigten sowie ihre Identifikation mit dem Unternehmen.
- Sie verbessert damit die Umsetzung der Unternehmensziele auf allen Ebenen.
- Sie optimiert die Kommunikationsarchitektur im Unternehmen sowie der einzelnen Kommunikationswege.

3. Interne Kommunikation in der Praxis

Die beiden wichtigen Unternehmensbereiche Innovationsmanagement und Employer Branding sind auf eine professionelle interne Kommunikation angewiesen.

Im Innovationsprozess ist während aller Steps eine funktionierende interne Kommunikation notwendig. Außerdem sind Innovationen spannende Themen für die externe Kommunikation und sollten für mehr öffentliche Sichtbarkeit genutzt werden.

Aufgrund des demografischen Wandels nimmt die Zahl potenzieller Talente in Deutschland immer weiter ab. Um sich im Wettbewerb um gute Köpfe abzuheben, benötigt ein Unternehmen eine strategisch angelegte interne und externe Kommunikation. Eine gute interne Kommunikation sowie eine starke Arbeitgebermarke sorgen für die Bindung der vorhandenen guten Leute an das Unternehmen, halten damit die Fluktuation gering, minimieren Fehltage und erhöhen die Produktivität.

Das Fallbeispiel inga.

- Das Start-up inga., das Unternehmen mit Active Sourcing beim Recruiting von Fachkräften unterstützt, hat eine hybride und agile Arbeitsweise implementiert. Diese wird durch umfangreiche Interne Kommunikationsmaßnahmen unterstützt.
- inga. arbeitet intern mit den Tools Slack, Notion, Asana und WhatsApp und versucht die interne Kommunikation via Mail zu vermeiden.

Weiterführende Literatur

20blue Podcast Wohnen und Arbeiten. https://www.twenty.blue/news/n_72-20blue-hour-folge-02-wohnen-arbeiten/. Abruf 15. Juli 2021.

Avenarius, H.: Public Relations. Die Grundformen der gesellschaftlichen Kommunikation. wbg Academic in Wissenschaftliche Buchgesellschaft, Darmstadt, 2008.

Becker, T.: Medienmanagement und öffentliche Kommunikation. Der Einsatz von Medien in Unternehmensführung und Marketing. Springer VS, Wiesbaden, 2014.

Broom, G. M./Sha, B.-L.: Cutlip and Center's Effective Public Relations. 11. Edition, Pearson, London, 2013.

Bruhn, M.: Unternehmens- und Marketingkommunikation. Handbuch für ein integriertes Kommunikationsmanagement. Vahlen, München, 2011.

Bruhn, M.: Integrierte Unternehmens- und Markenkommunikation. Strategische Planung und operative Umsetzung. Schäffer-Poeschel, Stuttgart, 2009.

Buchholz, U., Knorre, S.: Interne Kommunikation und Unternehmensführung. Theorie und Praxis eines kommunikationszentrierten Managements. Springer Gabler, Wiesbaden, 2019.

Engelhardt, K.: Erfolgreiche Interne Kommunikation im Digital Workplace: Basics und Tools. Social Intranet, Mitarbeiter-App, Mitarbeitermagazin. Springer Gabler, Wiesbaden, 2020.

Führmann, U./Schmidbauer, K.: Wie kommt System in die interne Kommunikation? Ein Wegweiser für die Praxis. 2. Aufl. Talpa-Verlag, Berlin, 2011.

Hafkemeyer, C.: Revolution statt Evolution. In: Freese, W./Höflich, M./Scholz, R. (Hrsg.): Praxishandbuch Corporate Magazines. Print – Online – Mobile. Springer Gabler, Wiesbaden, 2012.

Herbst, D.: Handbücher Unternehmenspraxis: Praxisbuch Unternehmenskommunikation: Professionelles Management – Kommunikation mit wichtigen Bezugsgruppen – Instrumente und spezielle Anwendungsfelder. Cornelsen, Berlin, 2003.

Hubert, M. M.: Interne Kommunikation als Keimzelle für Reputation. In: Bihler, U./Müller, F. (Hrsg.): Modernes Reputationsmanagement. Springer Gabler, Wiesbaden, 2021.

Immerschitt, W./Stumpf, M.: Employer Branding für KMU. Der Mittelstand als attraktiver Arbeitgeber. Springer Gabler, Wiesbaden, 2019.

Jackson, U./Wolf, A.: Live-Kommunikation im Kontext des Behavioral Brandings. In: Eisermann, U./Winnen, A./Wrobel, A. (Hrsg.): Praxisorientiertes Eventmanagement. Events erfolgreich planen, umsetzen und bewerten. Springer Gabler, Wiesbaden, 2014.

Jecker, C.: Transformation der Mitarbeiterzeitschrift. In: Einwiller, S./Sackmann, S. A./Zerfaß, A. (Hrsg.): Handbuch Mitarbeiterkommunikation. Interne Kommunikation in Unternehmen. Springer Gabler, Wiesbaden, 2020.

Kleinjohann, M./Lies, J.: Corporate Publishing – Mitarbeiterzeitschrift. In: Lies, J. (Hrsg.): Praxis des PR-Managements. Strategien – Instrumente – Anwendung. Springer Fachmedien, Wiesbaden, 2015.

Klöfer, F./Nies, U.: Erfolgreich durch interne Kommunikation. Mitarbeiter besser informieren, motivieren und aktivieren. Luchterhand, München, 2003.

Kriegler, W. R.: Praxishandbuch Employer Branding – mit Arbeitshilfen online. Mit starker Marke zum attraktiven Arbeitgeber werden. 2. Aufl. Haufe Lexware, Freiburg, 2015.

Lies, J.: Unternehmenskommunikation. In: Gablers Wirtschaftslexikon online, www.wirtschaftslexikon.gabler.de/Definition/unternehmenskommunikation.html, 2010.

Lies, J.: Public Relations. Ein Handbuch. UTB, Stuttgart, 2008.

Mast, C.: Unternehmenskommunikation. 7. Aufl. UVK Verlag, München, 2019.

Meier, S./Lütolf, D./Schillerwein, S.: Herausforderung Intranet: Zwischen Informationsvermittlung, Diskussionskultur und Wissensmanagement, Springer Gabler, Wiesbaden, 2015.

Nelke, A.: Handbuch Employer Branding. PraXium Verlag, Zürich, 2020.

Nelke, A.: 30 Minuten Innovationskommunikation. GABAL Verlag, Offenbach, 2019.

Nelke, A./Fischer, M.: 30 Minuten Employer Branding. GABAL Verlag, Offenbach, 2018.

Nelke, A., Sievert, H.: How (social) media change "change" in organizations. Heuristic remarks based on comparative studies at different stages of web communication development. In: Friedrichsen, M./Mühl-Benninghaus, W. (Hrsg.): Media Management and Social Media Business. Value Chain and Business Models in Changing Media Markets. Springer Verlag, Wiesbaden, 2013.

Nufer, G.: Verfahren zum Controlling des Event Marketing. In: Esch, F.-R./Langner, T./Bruhn, M. (Hrsg): Handbuch Controlling der Kommunikation. Grundlagen – Innovative Ansätze – Praktische Umsetzungen. Springer Gabler, Wiesbaden, 2016.

Prinz, W.: Konzepte und Lösungen für das soziale Intranet. In: Rogge, C./Karabasz, R. (Hrsg.): Social Media im Unternehmen – Ruhm oder Ruin: Erfahrungslandkarte einer Expedition in die Social Media-Welt. Springer Verlag, Wiesbaden, 2014.

Rogge, C.: Führung im Web 2.0 – Mitarbeiter reden mit. In: Rogge, C./Karabasz, R. (Hrsg.): Social Media im Unternehmen – Ruhm oder Ruin: Erfahrungslandkarte einer Expedition in die Social Media-Welt. Springer Verlag, Wiesbaden, 2014.

Sackmann, S. A.: Führungskommunikation. In: Einwiller, S./Sackmann, S. A./Zerfaß, A. (Hrsg.): Handbuch Mitarbeiterkommunikation. Interne Kommunikation in Unternehmen. Springer Gabler, Wiesbaden, 2020.

Schick, S.: Interne Unternehmenskommunikation. Strategien entwickeln, Strukturen schaffen, Prozesse steuern. 5. Aufl. Schäffer-Poeschel, Stuttgart, 2014.

Schick, S.: Planung der internen Unternehmenskommunikation. In: Einwiller, S./Sackmann, S. A./Zerfaß, A. (Hrsg.): Handbuch Mitarbeiterkommunikation: Interne Kommunikation in Unternehmen. Springer Gabler, Wiesbaden, 2020.

Schneider, F.M./Retzbach, A./Barkela, B./Maier, M.: Psychologie der internen Organisationskommunikation. In: Zerfaß, A./Piwinger, M. (Hrsg.): Handbuch Unternehmenskommunikation. Strategie – Management – Wertschöpfung. Springer Gabler, Wiesbaden, 2014.

Szyska, P./Malczok, M.: Interne Kommunikation – ein Begriff revisited. In: Huck-Sandhu, S. (Hrsg.): Interne Kommunikation im Wandel. Theoretische Konzepte und empirische Befunde. Springer VS, Wiesbaden, 2016.

tagesschau.de. Die Zukunft wird hybrid. https://www.tagesschau.de/wirtschaft/unternehmen/homeoffice-ende-101.html. Abruf 15. Juli 2021.

Zerfaß, A.: Kommunikation als konstitutives Element im Innovationsmanagement. Soziologische und kommunikationswissenschaftliche Grundlagen der Open Innovation. Gabler, Wiesbaden, 2009.

Zerfaß, A./Dühring, L.: Strategische Kommunikation – Zentrale Fragestellungen aus Sicht der Unternehmenskommunikation. In: Bruhn, M./Esch, F.-R./Langner, T. (Hrsg.): Handbuch Strategische Kommunikation. Grundlagen – Innovative Ansätze – Praktische Umsetzungen. 2. Aufl. Springer Fachmedien, Wiesbaden, 2016.

Zerfaß, A./Volk, C.: Toolbox Kommunikationsmanagement. Denkwerkzeuge und Methoden für die Steuerung der Unternehmenskommunikation. Springer Gabler, Wiesbaden, 2019.

Zoller, K./Nussbaumer, P.: Persönlichkeitsbewusste Mitarbeiterführung. Den eigenen Führungsstil reflektieren und erfolgreich weiterentwickeln. Springer Gabler, Wiesbaden, 2019.

Die Autorin

Prof. Dr. Astrid Nelke ist Autorin und Unternehmensberaterin mit den Schwerpunkten Employer Branding, interne Kommunikation und Innovationskommunikation. Sie studierte Publizistik und Kommunikationswissenschaft an der FU Berlin, wo sie 2008 promovierte. Nach Stationen in der Konzernpolitik der Deutschen Lufthansa AG, der Bundesgeschäftsstelle der CDU Deutschland und als Leiterin der Presse- und Öffentlichkeitsarbeit bei einem Arbeitgeberverband in der Bauwirtschaft war Astrid Nelke von 2014 bis 2020 Professorin für Unternehmenskommunikation und Innovationsmanagement an der FOM Hochschule für Oekonomie & Management in Berlin. Seit 2021 ist Astrid Nelke Hochschullehrerin für angewandte Wirtschaftspsychologie an der Hochschule für angewandtes Management (HAM).

Als Geschäftsführerin der Unternehmensberatung [know:bodies] kombiniert Astrid Nelke ausgewiesene praktische Erfahrungen mit aktuellen Ergebnissen aus eigenen wissenschaftlichen Studien. Neben ihrer praktischen Tätigkeit publiziert sie seit vielen Jahren zu den Themen Employer Branding, Interne Kommunikation, Online-Kommunikation, Innovationskommunikation, Corporate Social Responsibility sowie New Business Normal.

Kontakt:
[know:bodies] gesellschaft für integrierte kommunikation und bildungsberatung mbh
Sophie-Charlotten-Str. 103
14059 Berlin
Tel.: (0 30) 703 74 12
E-Mail: nelke@knowbodies.de
www.knowbodies.de

Register